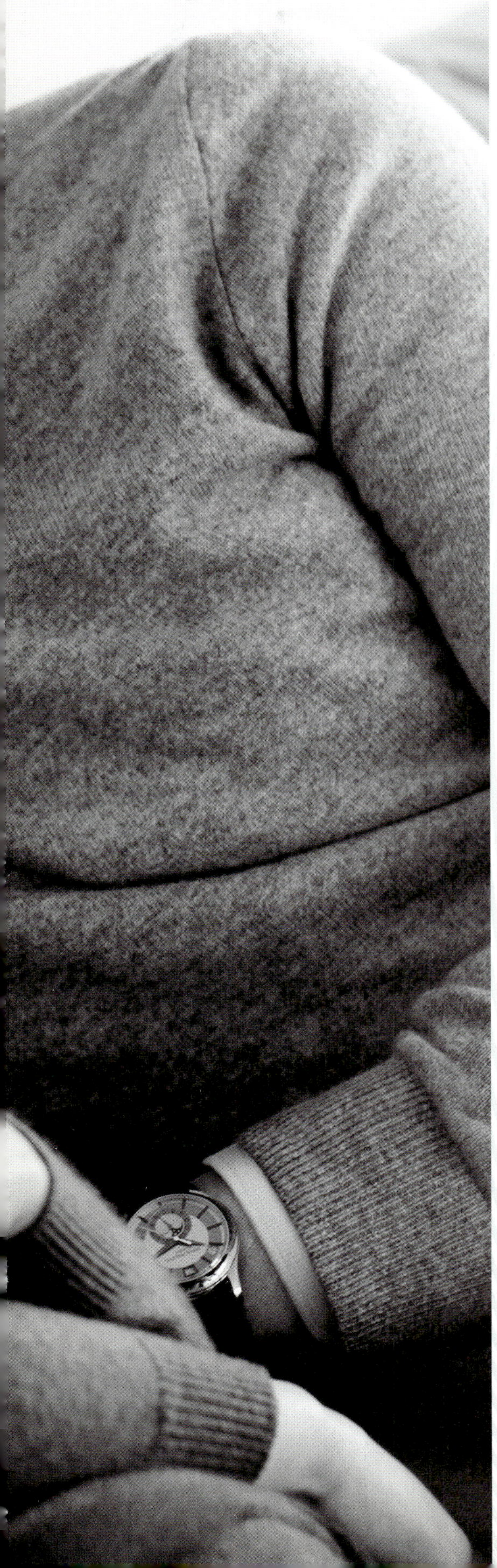

PATEK PHILIPPE
GENEVE

Liebe Leserin,
lieber Leser,

manchmal ist die Konzentration auf das Meer beinahe ärgerlich. Wenn wir im mareverlag Manuskripte für Bücher prüfen oder Geschichten für das Magazin suchen, dann ist immer dieser innere Blick vorhanden, dieser Fokus auf die Rolle des Salzwassers im zu Erzählenden. Schon oft hat uns dieser spezielle Ansatz einzigartige Geschichten finden und erzählen lassen, die andere Verlage und Magazine übersehen hatten, oder wir konnten Aspekte hervorheben, die besonders interessant waren. Aber manchmal ist das Meer nicht genug.

So auch bei unserem Bericht über Amelia Earhart. Oder besser, über ihr Verschwinden (Seite 60). Denn Earhart war Pilotin, die Pilotin der dreißiger Jahre, und sie verschwand bei ihrem Versuch, als erster Mensch die Welt zu umfliegen, 1937 spurlos im Pazifik. Die Rekonstruktion der letzten Stunden und die auch nach Jahrzehnten immer noch andauernde Suche nach ihr und dem Flugzeug können Sie in der vorliegenden Ausgabe nachlesen. Es handelt sich dabei gewissermaßen um den „Meeresteil“ in Amelia Earharts Leben, und mare-Autor Holger Kreitling kann mit dem Brennglas seines Artikels auf eine Episode ihres Leben eingehen, die in dieser Konzentration wohl selten beschrieben wurde.

Nach dem ersten Lesen seines Manuskripts und dem Sichten der Bilder Earharts wollte ich sofort mehr wissen über diese Frau und ihr Leben. Nachdem ich viele Seiten im Internet studiert und einen eher durchschnittlichen Hollywood-Film über ihr Leben gesehen hatte, war ich ein wenig unglücklich. Denn auch wenn der Fokus unseres Beitrags auf Earharts letzten Flug hochinteressant ist, hätte ich wohl gerne mehr über diese Frau berichten mögen, die noch so viel mehr war als nur eine furchtlose Pilotin. Aber das hatte eben mit dem Meer nicht so viel zu tun.

Amelia Earhart war eine jener Personen, über die man viel wissen müsste, viel nachdenken könnte und die unvergessen bleiben sollte. Als Flugpionierin, aber vor allem als selbstbewusste und selbstbestimmte Frau, die eine freie Ehe forderte und lebte und in all ihrem Verhalten vorbildlich war, nicht nur als Vorreiterin für Frauenrechte. Und so können Sie, wenn Sie nach dem Meeres-mare-Fokus neugierig wurden und noch viel mehr über die Frau wissen möchten, auf unserer Website unter www.mare.de/Amelia weiteres Material über Amelia Earhart finden.

Viel Spaß beim Lesen wünscht Ihnen

Nikolaus Gelpke

Titel: Eine Riesenparty an der Adria rockt im Stil der 1940er und 1950er

Politik: Blutiger Ernst – antike Inszenierungen von Seeschlachten

Leben: Vermisst im Pazifik – Amelia Earhart, Pionierin

Wissenschaft: Tsunamis sind auch in Europa eine reale Bedrohung

Kultur: Zwei Kolonisten retten das kulturelle Erbe der Inuit Grönlands

Kultur: Sterling Hayden: Filmstar, Segelass, Autor, tragische Figur

Wirtschaft: Ein Halsbonbon für Seeleute erobert die ganze Welt

Titelbild

Das Bild des Rock 'n' Roll tanzenden Paares gelang dem Fotografen Giovanni Cocco auf der Badepier in Senigallia an der Adria.

Titel Rock 'n' Roll

Politik

Leben

Wissenschaft

RUBRIKEN

Übrigens: *Ein schöner (Heft-)Rücken kann auch entzücken. Ein Fisch ist ein Fisch ist ein Fisch …*

1 CAPE BRETON ISLAND
Trump for President? Finden Millionen Amerikaner cool. Die anderen haben einen Ausweg. Sie dürfen nach Kanada. Und denken sich: Donald, make America great again – aber ohne uns!
Seite 124

2 GRÖNLAND
Nur weil Missionare so willensstark sind, heißt das nicht, dass sie recht haben mit Christus und Gott und so. Geister und Schamanen sind auch nicht zu verachten. Wussten schon die Inuit. Und zwei dänische Künstler.
Seite 84

3 FLEETWOOD
Fleetwood Mac? Nee, eher Fleetwood Drink. Aber genauso heiß, das Zeug. Vor allem für die Kehle. Leider können wir es nicht mehr prüfen. Denn aus dem Drink wurde eine Pastille. Und die kennen wir alle.
Seite 106

4 FELIXSTOWE
KREISCH!!! Kreisch? Hysterische Mädchen? Geht es hier um Elvis? Nein, der kommt erst weiter hinten. Hier geht es um DJs. Die waren berühmt wie Rockstars. Und für die Popkultur fast so entscheidend.
Seite 30

5 OOSTVOORNE
Gourmets, die sich davor ekeln, Schnecken auszulutschen, können dennoch in den Genuss einer Schnecke kommen. Einer hübschen. Und einer riesengroßen noch dazu.
Seite 70

6 SENIGALLIA
Sie sehnen sich nach Musik. Nach stylischen Kleidern und chicen Autos und einer vergangenen Zeit. Vor allem aber wollen sie eins: tanzen Tag und Nacht. Long live Rock 'n' Roll!
Seite 12

7 ROM
Manchmal ist es schon okay, wenn Kulturen untergehen. Denn das wollen wir wirklich nicht mehr: Cäsaren, die blutige Seeschlachten inszenieren.
Seite 50

8 MITTELMEER
In Japan baut man Mauern gegen Tsunamis. Und am Mittelmeer? Nichts dergleichen. Denn hier kann ja nichts passieren. Das allerdings ist ein großer Irrtum.
Seite 74

No. 116 mare
Die Schauplätze

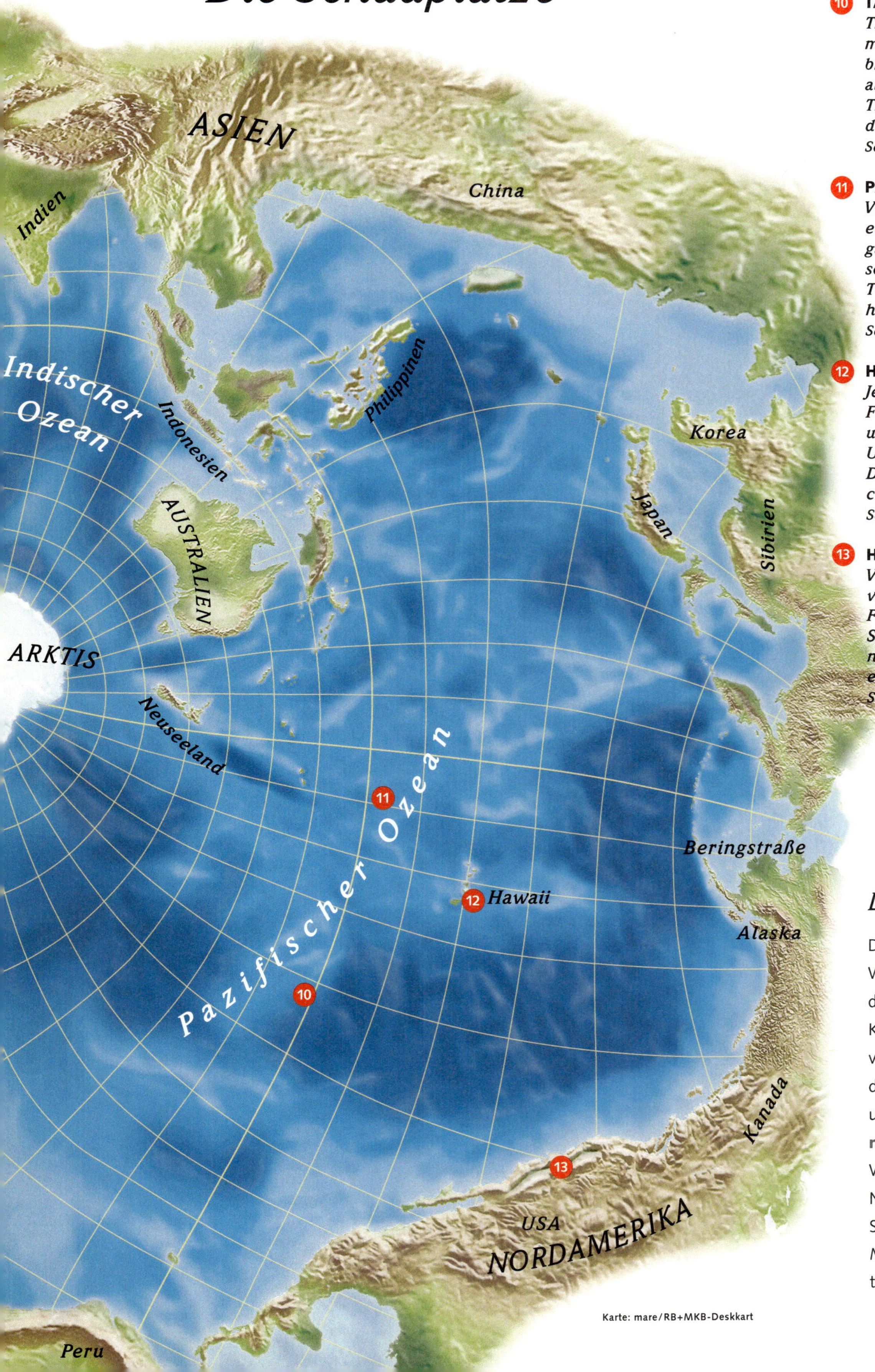

Karte: mare/RB+MKB-Deskkart

9 ANTARKTIS
Adolf H. sei 1945 mit dem U-Boot via Argentinien in die Antarktis geflüchtet und lebe dort im ewigen Eis, hieß es. Das Gerücht hielt sich lange. Unter Walfängern und schrulligen Forschern.
Seite 99

10 TAHITI
Trotz (oder gerade wegen?) der matten Dösigkeit der Südsee brannten zwei Bellizisten hier alle Sicherungen durch. Ein Treppenwitz der Geschichte aus dem Jahr 1914.
Seite 54

11 PAZIFIK
Verdammt. Da hat frau schon mal eine Heldin, ein Vorbild, eine ganz Große. Und dann? Verschwindet sie irgendwo in den Tiefen des Ozeans. Was sie noch heldinnenhafter macht.
Seite 60

12 HAWAII
Jetzt aber: KREISCH!!! The King. Forever. Mit kreisenden Hüften und eindeutigen Bewegungen. Und Hawaii-T-Shirt. Und Kitsch. Daher zum letzten Mal (versprochen): Kreisch!!!
Seite 40

13 HOLLYWOOD
Verflucht für immer. Ein Filmstar verrät seine kommunistischen Freunde und schämt sich dafür. Seine innere Unruhe wird er nicht los. Aber ausleben kann er sie: auf hoher See.
Seite 92

Die mare-Weltkarte

Der Versuch, den Globus auf eine Weltkarte zu projizieren, quasi die Quadratur der Kugel, ist ohne Kompromisse zum Scheitern verurteilt. Und so sind es stets die Meere, die auseinandergerissen und verzerrt dargestellt werden. **mare** beschreitet mit seiner Weltkarte den umgekehrten Weg: Nach einer Projektion von Athelstan Spilhaus präsentieren wir die Meere und ihre Küsten so, wie sie tatsächlich zusammenhängen.

Das blaue Telefon

Ihre mare-Hotline in die unerforschten Weiten und Tiefen der Meere

Ihre maritimen Fragen können Sie per Telefon (0800/218 218 2, gebührenfrei) oder E-Mail (wat@mare.de) stellen. Es antworten Ihnen Jana Stone und Alina Fischbeck von MARUM – Zentrum für Marine Umweltwissenschaften der Universität Bremen.

Welcher Ort ist am weitesten vom Meer entfernt?

Nicole und Robert Schmitt, per E-Mail

Es gibt verschiedene Punkte, sowohl an Land als auch im Meer, die jeweils als am weitesten von der nächsten Küste entfernte geografische Positionen gemessen werden. Diese werden als „Pole der Unzugänglichkeit“ betitelt und sind für jeden Kontinent berechnet. Der Begriff wurde erstmals durch Vilhjálmur Stefánsson im Jahr 1920 geprägt, damals in Bezug auf den unzugänglichsten Punkt in der Antarktis. Der Pazifische Pol der Unzugänglichkeit – hier bezogen auf die Entfernung zum nächsten Punkt auf dem Festland – wird auch als „Point Nemo“ bezeichnet. Zwischen Chile und Neuseeland gelegen ist diese Stelle mit rund 2688 Kilometern Entfernung zum Festland der wohl abgeschiedenste Ort der Erde. Die größte Entfernung zu einem Weltmeer hat mit 2370 Kilometern der Eurasische Pol der Unzugänglichkeit, den man in einem Wüstengebiet im Nordwesten von China findet. Knapp 300 Kilometer weiter südlich liegt die chinesische Stadt Ürümqi (Urumtschi), die am weitesten vom Meer entfernte Großstadt der Erde. Wer sich dennoch von Ürümqi aus zum nächsten Meer aufmachen möchte, sollte etwas mehr Zeit für einen Umweg einplanen: Auf dem direkten Weg liegt noch das Himalayagebirge.

Vom Nordwesten Chinas sind es fast 2400 Kilometer bis ans Meer – das ist Weltrekord

Gibt es tatsächlich genmanipulierte Zierfische zu kaufen?

Claudia Rust, per E-Mail

In No. 114 berichteten wir von genmanipuliertem Lachs, der seit Kurzem in den USA als Lebensmittel zugelassen ist. Doch gibt es bereits seit vielen Jahren transgene, nicht zum Verzehr bestimmte Zierfische in Taiwan und den USA zu kaufen – unter dem Markennamen „GloFish“ (aus dem englischen „glow“, leuchten, glimmen). Diese gentechnisch modifizierten „Leuchtfische“ – bislang sind Zebrabärblinge, Barben und Salmler erhältlich – können durch ein zugefügtes, fremdes Gen fluoreszierende Proteine bilden und leuchten unter Schwarzlicht. Je nach gewünschtem Farbton stammen die übertragenen Gene von unterschiedlichen Quallen- oder Korallenarten. Für wenige Dollar sind die Glühfische in sechs verschiedenen Farben wie *Electric Green* oder *Moonrise Pink* erhältlich. Das ursprünglich für Forschungszwecke entwickelte Verfahren ließ sich eine US-Firma patentieren und brachte 2004 den „GloFish“ als erstes gentechnisch verändertes Haustier auf den Markt. Die amerikanische Nahrungs- und Arzneimittelbehörde hat die leuchtenden Fische als unbedenklich eingestuft, da keine ökologischen Risiken zu befürchten seien und diese Fische nicht als Nahrung dienten. In der EU sind Zucht und Vertrieb transgener Fische verboten.

Kann man bedenkenlos Schmuck aus Korallenarten kaufen, die nicht unter Naturschutz stehen?

Herbert Stein, per E-Mail

Aus Korallen wird seit Jahrtausenden Schmuck gefertigt, wobei das Kalkskelett der Koralle verarbeitet wird. Manche Arten werden ähnlich wertvoll wie Edelsteine und Perlen gehandelt. Aufgrund ihrer intensiven Rotfärbung ist die im westlichen Mittelmeer vorkommende Rote Koralle *(Corallium rubrum)* besonders beliebt. Ihre Bestände wurden aufgrund der Schmuckfischerei bereits stark dezimiert, wodurch sie nur noch selten und in großen Tiefen anzutreffen ist. Aus kommerziellen Gründen steht diese Art trotz ihrer Gefährdung bisher aber nicht unter dem Schutz des Washingtoner Artenschutzübereinkommens Cites, das den internationalen Handel mit gefährdeten Arten freilebender Tiere und Pflanzen regelt. Doch auch Schmuck aus Korallenarten, die unter Cites-Schutz stehen, wird gehandelt. „Die Art *Corallium secundum* aus dem Westpazifik wird für die Schmuckherstellung verstärkt importiert, obwohl die Art im Cites-Übereinkommen gelistet ist“, sagt der Aquatische Ökologe Helmut Schuhmacher. Auch wird Schmuck aus schwarzen Korallen – ebenfalls unter Cites-Schutz – gehandelt. Zudem ist es Käufern vor Ort kaum möglich, Art und Herkunft der Korallen zu überprüfen. Aus ökologischer Sicht rät Schuhmacher davon ab, Korallenschmuck zu kaufen.

Besser nicht kaufen – viele Schmuckkorallen sind vom Aussterben stark bedroht

Gibt es in großen Seen und Binnenmeeren eigentlich auch Ebbe und Flut?

Irene Neideck-Schaan, per E-Mail

Die Gezeitenkräfte wirken sowohl auf die riesigen Wassermassen eines Ozeans als auch auf die eines Binnensees. Doch so beeindruckend wie an der Nordseeküste, wo bei ablaufendem Wasser weite Wattflächen sichtbar werden, zeigen sich ihre Auswirkungen nicht überall. Durch die recht breite Verbindung zwischen dem Randmeer und dem Ozean löst die atlantische Gezeitenwelle in der Nordsee einen größeren Tidenhub aus – immer auch abhängig von der Küstenform. Die Auswirkungen in der Ostsee mit ihrer schmalen Verbindung zum Nachbarmeer fallen schon sehr viel geringer aus. In abgeschlossenen Meeresbecken und Seen sind Ebbe und Flut kaum mehr wahrnehmbar. Demnach erreichen die Gezeitenamplituden selbst bei den größten Seen lediglich wenige Zentimeter, so Sylvin Müller-Navarra vom Bundesamt für Seeschifffahrt und Hydrographie in Hamburg. Die Ausprägung der Gezeiten ist von den Längen- und Tiefenverhältnissen sowie der Form des Beckens abhängig, wodurch jedes Binnenmeer und jeder See seine eigenen Gezeiten hat. So beträgt der Tidenhub im Chiemsee beispielsweise einen Millimeter, im Schwarzen Meer acht Zentimeter und in Venedig an der Adria bis zu 37,5 Zentimeter.

Selbst der Chiemsee in Bayern ist der Tide unterworfen – wenn auch nur um einen Millimeter

MENSCHEN, TIERE, SENSATIONEN
ROARR!
arte
SUPER SPRITZI

OKTOBER HIGHLIGHTS
FILME UND SERIEN
THEMA
DOKUMENTATIONEN
ENTDECKEN
Die Magie der Meer
arte
6.2016
TV-PROGRAMM. HIGHLIGHTS. HINTERGRÜNDE
HANNAH HERZSPRUNG
Gespräch über eine ungewöhnliche Liebe
SO KLINGT DER SOMMER
Die besten Festivals, von Rock am Ring bis Montreux
die Gier nach Meer
Sie sind magisch, faszinierend – und kostbar: Wie sich der Wettlauf um die Weltmeere verschärft
AUF LIEBE UND TOD
12.2015
Armin Mueller-Stahl

Text:
Andrea Walter

Fotos:
Giovanni Cocco

ROCK 'N' ROLL

An einem Strand vor unserer Zeit

Jedes Jahr im August strömen 400 000 Menschen in die kleine Stadt Senigallia an Italiens Adria. Zehn Tage lang feiern und tanzen sie im Stil der amerikanischen 1940er- und 1950er-Jahre. Das „Summer Jamboree“ am Strand ist ein Fest ihrer Sehnsüchte, fröhlich, poetisch, authentisch

Die „Big Hawaii Party“ ist vor allem für Jugendliche die beliebteste Party des Festivals. Vintage-Autos und -Kostüme gehören so selbstverständlich dazu wie Konzerte

WAS EIGENTLICH IST DAS MENSCHliche Sehnen? Ein Bedürfnis? Ein Wunsch? Ein Durst? Ein Trieb? Und wonach strebt es? Nach Ganzheit? Freiheit? Liebe? Sex? Dies nur vorweg. Der Zug rattert. Rimini liegt schon hinter uns. Es ist nicht mehr weit bis in die 1950er-Jahre. Ein paar Stationen noch. Vorbei an dem Sommergewitter, das sich gerade in dicken Tropfen vom Himmel stürzt. Dann sind wir da.

In Senigallia. Jenem Ort an der Adria, den ein Mann jedes Jahr Anfang August in eine Poesie verwandelt, in der alles wippt und tanzt und ein Leben preist, das längst vergangen ist und doch aktuell. Es ist „Summer Jamboree – the hottest rockin' holiday on earth“, das größte Festival Europas zu Ehren der amerikanischen Kultur der 1940er- und 1950er-Jahre und des Rock 'n' Roll. Aber es ist noch mehr. Es ist ein Ausflug zu den Wurzeln unserer Sehnsucht, die da lautet: irgendwie froh zu sein.

Und so steigt man aus der Bahn voller Menschen mit Tollen oder Hüten, Petticoats mit Polka-Dots und pralle rote Lippen dazu. Und fühlt sich, als mache man einen Zeitsprung. Man geht hinunter zum zartblauen Meer und trifft auf der Promenade die Flaneure. Einer schöner als der nächste und niemand in Eile. Sie schlendern, fahren Rad, die Herzdame auf dem Lenker, den Kumpel auf dem Gepäckträger. In der Luft die Süße des Südens und Rock 'n' Roll, der aus Lautsprechern schallt.

Was ist das hier, fragt man sich – Traum oder Wirklichkeit? Und läuft weiter. Vorbei an dem Pulk eines Junggesellenabschieds aus Perugia. 44 Typen in Jeans mit Hosenträgern, darunter T-Shirts mit Warnschild – vor saufenden, pinkelnden, kotzenden Männchen. Die Stimmung ist gut, die Augen sind schon glasig. Einer spricht eine Frau an, sagt ihr, dass sie schön sei und, wäre da nicht der Ring an

In den „Giardini della Rocca" finden Livekonzerte statt, an denen nicht der Tanz, sondern das Zuhören an erster Stelle steht. Keines der Konzerte kostet Eintritt

seinem Finger und die kleine Tochter zu Hause, „dann würden wir Liebe machen die ganze Nacht". Man lacht, unterhält sich, wünscht sich Glück, macht ein Selfie, weiter geht's, jeder seines Weges.

Dass die ganze Stadt voller Menschen in 1940er- und 1950er-Jahre-Kleidung ist, begreift man erst an einem der zentralen Plätze. Auf der großen Bühne wirft Bobby Brooks Wilson aus den USA seine Hüften in capriblauen Hosen hin und her und singt den „Twist". Und sofort beginnt die Menge zu twisten. Dies, spätestens, ist der Moment, in dem es einen erwischt. Es wäre einfach, wenn man sich distanzieren könnte. Schmunzeln über die Retrorebellen, die sich hier versammelt haben. Doch das geht nicht. Weil etwas am Wirken ist, dass einen bezirzt. Ein Zauber.

Aber welcher? Sind es die Farben, die Rhythmen? Die Mischung aus italienischer Eleganz und amerikanischer Leichtigkeit, die unterm Mondschein verschmelzen? Oder die Tatsache, dass sich alle herausgeputzt haben? Kein Männerhintern verschwindet in Baggy Pants. Ein Mädchen im zitronengelben Rock fliegt beim Tanzen um ihren Partner, dem ins Gesicht geschrieben steht, dass er sie vergöttert. Sie, den Sommer, die Nacht und den Beat. Kaum jemand bleibt in diesen Nächten ungefragt, ob er tanzen möchte.

Und so tänzelt man weiter, zur Festung, in der eine Zeltstadt aufgebaut ist, mit Ständen, an denen es Klamotten und Platten und weitere Bühnen gibt. An einer Ecke, jedes Jahr derselben, steht ein silberner Wohnwagen. Darin Greg und seine Frau Asha aus Luton bei London. Jeder kennt sie. Greg ist Tätowierer, in der Mitte des Wagens steht sein Tätowierstuhl, hier sticht er all den Rockabillies ihre Schwalben, Pin-ups, Anker oder was auch immer sie sich wünschen, in die Haut. ➢

BECAUSE THEY ARE YOUNG

Fragt man Greg, der „Everlasting Hope" auf der Brust stehen hat, was er liebt an der Musik und der Szene, sagt er: „Du kannst zu moderner Musik nicht so mit einer Frau tanzen und mit ihr eine Verbindung aufbauen, wie du es zu Swing und Jive kannst." Trotzdem gehe es nicht darum, zurückzuschauen. Man lebe „im Hier und Jetzt", aber möge einfach den Stil der 1940er- und 1950er-Jahre. Manche laufen das ganze Jahr über so herum, andere nur fürs Festival. „Aber wir lieben sie alle", sagt Greg. Und überhaupt: „Wenn du nicht fühlst, was wir fühlen, gehörst du nicht hierher." Das sagt er nicht abschätzig, nicht so, dass man es als Ausschluss verstehen könnte, eher feststellend. „Aber du fühlst es!" Und es stimmt, die Stadt scheint in diesen Tagen: Gefühl. Es geht um alles, nur nicht um Gleichgültigkeit.

So zieht man weiter. Vorbei an wippenden, schwingenden Körpern. Zu Klängen und Texten voller Schmalz und Witz. Vor einer Kulisse, die ein Filmset sein könnte. Nicht weit von hier: der Oldtimerparkplatz. Wer mit Baujahr 1969 oder älter angereist ist, darf hier vorfahren und parken – vor den Blicken der anderen. Es röhrt, dann stehen sie da, die Buicks, Cadillacs und Chevys, in Bonbonfarben, mit ausladenden Formen, aus denen sich Beinchen in Petticoats schwingen oder Männer mit weißen Unterhemden, den Kamm in der Hand, um die Tolle zu richten.

„Das sind noch richtige Autos", sagt einer (Baujahr 1956 mit Freundin, sicher 20 Jahre jünger). „Die haben halt Charakter. Kein Einheitsbrei." Dafür nimmt man in Kauf, dass man Tage braucht, um hierherzukommen, aus Deutschland etwa, über den Gotthard oder den Brenner, mit Motoren, die 17, 18 Liter verbrauchen. Bobby Brooks Wilson auf der Hauptbühne singt inzwischen „Stand by me" und ruft dem Publikum zu: „Love one another! Like you love yourself. And if you don't love yourself – find somebody to love!" Das Festival ist eine Hymne ans klopfende Herz.

Wer also ist der Mann, der die Sehnsucht nach Senigallia brachte?

Am ehesten findet man ihn abends neben der Hauptbühne. Da sitzt er, mit schwarzen, zurückgegelten Haaren, großer Brille und Hosen, die ihm fast bis zum Bauchnabel reichen, und feuert die Musiker an. Angelo di Liberto hätte der Verrückte des Ortes sein können, der mit 1940er-Jahre-Klamotten und Chevy durch die Gegend fährt – oder der, der die ganze Stadt in seine Leidenschaft einbindet. Das hat er getan.

Der Werbegrafiker mit eigenem Büro, Klamottenlabel und Laden, nebenbei DJ, wandte sich an die Stadtverwaltung, die stellte ihm den Garten einer Schule zur Verfügung. Das erste Festival stieg am 20. August 2000 und dauerte nur einen Tag. Es gab drei Stände, vier amerikanische Autos, es kamen 2000 bis 3000 Gäste. Heute läuft das Festival zehn Tage lang, und es kommen 400 000 Leute aus aller Welt. Angelo wiederholt das – „four hundred thousand!" –, als könne er es selbst nicht glauben, und erzählt kichernd,

Lesen Sie bitte weiter auf Seite 20

Ganz oben Der Musikkritiker Dario Salvatori parkt seinen amerikanischen Wagen direkt vor der Seebrücke Rotonda a Mare.
Darunter Jeden Tag von Mittag bis Sonnenuntergang legen DJs in der Bar „Mascalzone“ Swing und Rock 'n' Roll auf

YOU AIN'T NOTHING BUT A HOUND DOG

★ ★ ★

Versunken tanzt ein Paar auf der Badepier
Rotonda a Mare

„Summer Jamboree" heißt das Festival auch. Zwei Frauen warten am Strand auf die „Big Hawaii Party". Auch die Badeanzüge sind in der Mode der alten Zeit

wie einmal ein lokaler Obstverkäufer als Schlagzeuger für Chuck Berry einsprang. Es waren viele bekannte Leute hier: Ben E. King, Jerry Lee Lewis, Wanda Jackson, die Stray Cats. Auch Dita Von Teese hat schon eine Burlesque-Show gegeben.

Nur gegen ein Wort wehrt sich Angelo: Nostalgie. Das klinge negativ. Und treffe es nicht. Er habe einfach festgestellt, dass es in der Epoche der 1940er- und 1950er-Jahre viele Dinge gab, die ihm gefielen. Die Musik, die Farben, die Formen, die Jukeboxen, die Autos. Und „dafür gibt es ein Motiv", sagt er und erzählt vom Willen zur Genugtuung und zur Erlösung, damals nach dem Krieg. Es ging um einen Neuanfang, man wollte sich die Welt zurückerobern; all das spüre man noch heute, in den Objekten, der Mode, der Musik – diese Fröhlichkeit. Und das Schöne an dem Festival sei, dass es diesen Dingen und Klängen gelinge, das zu übermitteln.

„Du triffst hier einen Haufen lebenslustiger Leute", sagt er und spricht von der Energie und der Kraft, die der Rock 'n' Roll bis heute hat. Und davon, dass er das mit allen teilen wollte. Die Konzerte sind gratis und offen für alle. „Wir umarmen jeden", sagt Angelo. Und: „Bei uns gibt es mehr Liebe als in Woodstock!" Er lacht und fügt hinzu: „Im Ernst, die Leute lernen sich kennen, verloben sich, kaufen Häuser, bekommen Kinder …"

Dann klingelt sein Telefon. Er hat viel zu tun. In ein paar Tagen steigt die „Big

Vittoria aus Mailand nimmt an dem Autocorso an der Strandpromenade Alighieri teil. Wer ein Auto aus dem Baujahr 1969 oder älter besitzt, ist besonders gerne gesehen

Hawaii Party“, es ist die größte Veranstaltung des Festivals.

Für die Gäste indes gehen die Tage dahin wie in einem zarten Sommernachtstraum. Die tägliche Choreografie ist ewig dieselbe. Tagsüber trifft man sich an der Strandbar „Mascalzone“, abends schlendert man ins Zentrum zu den Konzerten, nachts auf die Seebrücke zum Tanzen bis in den Morgen. Und die Stadt ist klein genug, um einander wiederzufinden.

Läuft man mittags am goldgelben Strand entlang, an dem ein hölzernes Seebad neben dem anderen steht, vorbei an endlosen Reihen bunter Sonnenschirme und Hotels, die an die echten 1950er erinnern, erschallt wieder Rock 'n' Roll aus den Lautsprechern. Es gibt eine Tanzfläche, ein DJ legt auf, die Menge tanzt, auch bei 30 Grad. Auf den Liegen an den Pools rundherum liegt müde, aber immer stilvoll: tätowierte Haut.

Jeder Körper eine Leinwand voller Elvisse und flammender Herzen. Einer hat „Brainless Weirdo“ auf dem Bauch stehen, der nächste „It's only Rock 'n' Roll“. Anderswo räkeln sich Mädchen in Pin-up-Bikins, die ihre Häupter und Zigaretten zu jeder Zeit mit Grazie halten. Eine junge Frau hat „Wirtschaftswunder-Fräulein“ auf dem Oberschenkel stehen, dort, wo die Pobacken enden. Und an der Bar fließen das Bier und der Aperol Spritz.

Irgendwann hat man in der Buntheit ein Auge dafür, wer den Stil das ganze Jahr über trägt und wer nur mal so mitmacht. Wer übers Tanzen zum Rockabilly kam, über die Rebellion oder die Mode. Aber es tut wenig zur Sache. Hier geht es allein um das, was eint. Es ist das Spiel und der Wille, die Zeit ein bisschen außer Kraft zu setzen.

An der Bar kommt es zu Gesprächen. „Halten Sie kalte Getränke bereit, wenn er

Ganz oben Wer ein Vintage-Auto fährt, darf auf speziellen Plätzen in der Stadt parken.
Darunter Im neoklassizistischen „Foro Annonario" finden auch die Tanzwettbewerbe des Festivals statt

LET'S TWIST AGAIN

★ ★ ★

nach Hause kommt", zitiert eine junge Frau – halb Marilyn Monroe, halb Heimchen – ein Pin-up aus einer amerikanischen Zeitschrift aus den 1950er-Jahren. Und: „Denken Sie immer daran, dass seine Themen wichtiger sind als Ihre!" Sie lacht laut. Und schiebt hinterher: „Kirche, Kinder, Küche – wir erfüllen heute nichts davon." Man weiß, dass man die Jahre, die man hier so hingebungsvoll nachahmt, idealisiert und verklärt. Sie sind so nie gewesen. Keine der sexy Grazien mit Wasserwellen möchte zurück an den Herd. Niemand denkt, dass Hawaii voller Hula-Girls ist.

Und doch ist da ein Sehnen. Es fallen Sätze, die von einem Zuviel oder Zuwenig erzählen in der heutigen Welt. „Früher war alles so klar", sagt jemand. Gemeint sind die Geschlechterrollen. Eine Frau mit hinreißend schönem Augenaufschlag erzählt von dem IT-Unternehmen, bei dem sie angestellt ist. „Da arbeiten alle wie die Lemminge. Niemand flirtet mehr." Sie seufzt. „Das kann doch nicht alles sein!" Und so schwingt die Frage mit, ob wir etwas verloren haben und ob wir es wiederfinden können beim Tanz am Meer.

Man scheint sich zu wehren gegen die Entzauberung des Lebens. Gegen das Funktionieren, die technische Omnipräsenz, obwohl jeder ein Smartphone hat. „Irgendwie mag ich es, dass die alten Autos nicht alles können", sagt einer. „Dass da kein Navi drin ist, kein Schnickschnack." Der Rock 'n' Roll scheint heute jene anzuziehen, denen es an Sinnlichkeit fehlt und an Poesie.

S

So wundert es nicht, dass allerorten geflirtet wird. Einer stellt sich als Pietro vor, „aber man nennt mich Elvis". Er trägt schwarze Jeans, den schmalen Oberkörper nackt, die Haare und Koteletten nass vom Tanzen. Zu Hause habe er ein Zimmer nur mit Fotos von Elvis und Marilyn Monroe, sagt er, kommt beim Objekt seiner Begierde allerdings nicht weit damit. Eine Frau am Rand der Tanzfläche erzählt einer anderen, sie sei froh, einem „Tedboy" die falsche Nummer gegeben zu haben, „der wäre klebrig geworden". „Du bist wunderschön", sagt der Sänger einer Band zu einem Mädchen. „Ich habe dich gestern schon gesehen, du hattest ein weißes Kleid an mit Blumen darauf und am Abend einen pinkfarbenen Rock." Sie staunt. Er grinst. „Komm heute Abend zur West Side Stage, dann widme ich dir einen Song."

Doch dann ist erst einmal der Tag der Hawaii-Party. DJs legen auf, und bald tummeln sich die Menschen auf einem großen Strandgelände etwas außerhalb der Stadt. Das Bier ist nicht billig, der Caipirinha wird zur Not mit weißem Zucker gemacht. Aber das ist egal. Die Leute tragen Hula-Ketten, die Luft ist voll von süßer Hoffnung und Mobiltelefonen, um Selfies zu machen.

Mit der Rockabilly-Szene hat die Hawaii-Party nicht mehr viel zu tun. Es ist eher ein Volksfest für die Jugend, die hier die Zeit ihres Lebens hat. Es wird getanzt, gelacht. Und alles dokumentiert.

Lesen Sie bitte weiter auf Seite 28

MASCALZONE
CAPANNO PIZZERIA
AL
CAFFE'
CAPPUCCINO
BIRRA
BIBITE
PIZZA
GRANITE
ALGIDA

THE GIRL CAN'T HELP IT

★ ★ ★

Die Bar „Mascalzone" an der Strandpromenade Alighieri ist tagsüber der Lieblingstreff der vergnügungswütigen Festivalbesucher

SHAKE, RATTLE AND ROLL

Mirco Montanari lebt in Senigallia. Er zeigt sich und seinen 1958er Cadillac gern auf der Mameli-Strandpromenade

Zur „Big Hawaii Party" gehören die entsprechenden Hemden und Hula-Ketten. Mit der Rockabilly-Szene hat diese Party nicht viel zu tun

Der Strand wird zur Bühne, zur Fiktion, die sich später auf Facebook und Instagram findet. Im Hintergrund rauscht das Meer so schön, und der Himmel ist rosa und die Musik beschwingt.

Dann spielen die Bands. An der Bühne krabbeln kleine Krebse hinauf. Die Sänger singen „You make me wanna shout", und die Menge explodiert, als ginge es um Erlösung. Angelo steht daneben. „In der Stadt sind noch mehr Leute", sagt er und schüttelt den Kopf. Als begreife er erst jetzt, wie glücklich er die Menschen macht. Später sieht man ihn durch die Menge laufen, die tanzt und singt. Er schlendert, als wandele er durch einen Traum. Seinen Traum. Seine Kreatur. Sein Woodstock. Sein Hawaii.

Am Strand entspinnen sich Liebesszenen, Hände werden gehalten, Sterne gezeigt, zarte Küsse getauscht. Jugendliche, randvoll mit Unschuld. Vielleicht werden sie irgendwann ihren Enkeln davon erzählen, von ihrer ersten Liebe am Strand von Senigallia, damals, in den „guten alten Zeiten".

Ein paar Tage später werden die Autos dahin fahren, wo sie herkamen, zurück in ihre Garagen. Irgendwann wird das letzte bisschen Sand aus den Klamotten und Koffern verschwunden sein. Aber ein Same wird bleiben: dass er nicht tot ist, der Rock 'n' Roll. Und, dass man sich der Zeit nicht ergeben muss. Sondern tanzen.

Andrea Walter, Jahrgang 1976, zögerte nicht, als sie – selbst kein Rockabilly – gefragt wurde, ob sie über ein Rockabilly-Festival berichten möchte. Und war vor Ort so betört, dass auch ihre Lippen jeden Tag ein bisschen röter wurden.
Der in Rom und Berlin lebende Giovanni Cocco, geboren 1973, interessiert sich für Subkulturen. Die Rockabillies faszinieren ihn wegen ihrer Suche nach einer Vergangenheit, die sie nie kannten.

EUROPAS GRÖSSTE YACHT
KANN NICHT JEDER SEGELN -
ABER LESEN.
Foto: Nico Krauss
YACHT - Europas größtes Segelmagazin
Alle 2 Wochen mehr als 130 Seiten
voller Faszination und Leidenschaft
für Wasser, Wind und Wellen.
Mehr auf yacht.de/jetztneu
EUROPAS GRÖSSTES SEGELMAGAZIN
Yacht
NAVIGATION
EXTREMTÖRN
JETZT NEU!
HAFENMANÖVER
15 TOP-TIPPS FÜRS
ANLEGEN
SKIPPERS MAGAZIN
BOOTS-TESTS

Von
Christoph Dallach

RADIO CAROLINE

1964 begann vor der Küste Englands ein Piratensender zu funken, der den britischen Musikmarkt verändern sollte: Radio Caroline. Der Sender spielte Rock 'n' Roll, Beat und Pop und etablierte den Sound der Jugend im englischen Rundfunk. Das machte seinen Gründer Ronan O'Rahilly und seine DJs zu ebensolchen Stars wie die Musiker

Einst Ostseefähre, dann Funkstation eines Piratensenders. Radio-Caroline-Gründer Ronan O'Rahilly, im Bild links, posiert für Pressefotografen

In Großbritannien wurden die Radio-Caroline-DJs zu Stars, die heute noch bekannt sind, so wie Simon Dee

M

MITTE DER 1960ER-JAHRE WARNTE die britische Regierung alle Radiohörer: Wer dabei erwischt würde, dem Piratensender Radio Caroline zu lauschen, müsse eine Strafe zahlen; zehn Pfund beim ersten Mal, 50 Pfund für jedes weitere Mal. Genutzt hat die Drohung der Regierung nichts, im Gegenteil, sie machte Radio Caroline nur noch populärer.

Der Sender, der die englische Obrigkeit so erschreckte, ging Ostern 1964 vor der Küste des Inselkönigreichs auf dem Schiff MV „Caroline" in Betrieb. Verantwortlich dafür war Ronan O'Rahilly, ein Ire, der sich rächen wollte: an den Engländern im Allgemeinen und an der etablierten Musikindustrie insbesondere.

Die Engländer hatten Ostern 1916 seinen Großvater Michael Joseph O'Rahilly, einen prominenten Anführer der irischen Osteraufstände, erschossen; das englische Musikestablishment wiederum verhinderte, dass Ronan O'Rahilly eine Platte seines Klienten Georgie Fame, ein Rhythm-'n'-Blues-Musiker, ins Radio bekam.

In den frühen 1960er-Jahren war die britische Radiolandschaft grau und öde. Die Musik der Jugend fand kaum statt. Als einsame und coole Bastion gegen die glattgebügelten Traditionalisten der staatlichen BBC galt Radio Luxemburg. Dass das auch nur eine Illusion oder mehr noch ein Missverständnis war, dämmerte dem ambitionierten O'Rahilly, als er der Londoner Filiale von Radio Luxemburg einen spontanen Besuch abstattete. Mit seiner Georgie-Fame-Platte in der Hand war er forsch an der verblüfften Rezeptionistin vorbeimarschiert und in das Büro des Chefredakteurs geplatzt. Aber auch Sir Geoffrey Everitt lehnte es ab, O'Rahillys Klienten ins Programm zu nehmen.

„Wir haben keinen Platz!", verkündete der rigoros. „Dann muss ich wohl meinen eigenen Sender aufmachen", konterte der aufgebrachte Ronan O'Rahilly. „Wie wollen Sie das denn anstellen?", fragte Sir Geoffrey süffisant. „Na, Sie haben ihren Sender in Luxemburg, dann könnte ich ja vielleicht einen in Frankreich aufmachen, oder?", drohte der Ire.

Über den entsetzten Gesichtsausdruck des Radio-Luxemburg-Chefs amüsierte sich O'Rahilly noch Jahrzehnte später. Sein Wutausbruch war ein *tipping point*, wie es der Autor Malcolm Gladwell einmal genannt hat, also ein kleines Ereignis, das weitreichende Folgen hat.

Mit Radio Caroline, das O'Rahilly ins Leben rief, beeinflusste er die kulturelle Landschaft Britanniens nachhaltig: Er verschaffte dem Rock 'n' Roll, Beat und Pop eine große Bühne und sorgte dafür, dass sie die gesellschaftliche und wirtschaftliche Akzeptanz erlangten, die sie heute haben. Nebenher schob Radio Caroline zahllose Karrieren von Künstlern an, die es ohne diesen Beistand vielleicht nicht so weit gebracht hätten. Das bestätigen Veteranen wie The Who, The Rolling Stones, The Hollies, Eric Burden oder Tom Jones. Selbst Radio-Caroline-DJs wie Tony Blackburn, Simon Dee, Tom Lodge oder Tommy Vance waren damals Stars, deren Namen bis heute vielen Briten geläufig sind.

Die Geschichte von Radio Caroline ist ein Mythos der Rock- und Popkultur, sie

Gelegentlich veranstalteten die DJs Frisbeewettbewerbe mit Schallplatten, die ihnen nicht gefielen

bietet Abenteuer auf See, Tricksereien zu Lande, märchenhafte Figuren und Legenden im Überfluss. Das beginnt bereits mit dem Namen „Radio Caroline", der eine Hommage an John F. Kennedy ist. Der Amerikaner verkörperte für den Iren ein Streben nach Freiheit, das ihn ebenfalls antrieb. Hoch über dem Atlantik, während eines Fluges nach Dallas, um die Ausstattung für seinen Sender zu kaufen, blätterte O'Rahilly in einigen Illustrierten und stieß auf ein Foto, das den Präsidenten beim Toben mit seiner Tochter Caroline zeigt.

Mit Präsident Kennedy hatte Ronan O'Rahilly die wohlhabende Familie gemeinsam. Aodhogan O'Rahilly, Sohn des erschossenen Widerstandskämpfers, war zwar als Politiker gescheitert, dafür aber als Geschäftsmann erfolgreich. Mitte der 1950er-Jahre legte er sich sogar einen eigenen Hafen zu: Greenore in County Louth, ein Provinzhafen, der einmal für den Güterverkehr der Region wichtig gewesen war, nach der Stilllegung des Streckenabschnitts aber bedeutungslos wurde. O'Rahilly senior kaufte die voll funktionsfähige Anlage und kümmerte sich nicht weiter darum.

O'Rahilly junior fiel in jungen Jahren nicht als geschäftstüchtig auf. Er gab den Familienrebellen und ging nach London, um im Nachtleben die Puppen tanzen zu lassen. Nach eigenen Angaben war er im „Whynot-Gewerbe"; er betrieb Clubs, managte Bands und produzierte Platten – so wie jene von Georgie Fame, die dann kein Sender ins Programm nehmen wollte. An Wörter wie „nein" war er von Haus aus nicht gewöhnt, also legte er sich eben seinen eigenen Sender zu, wenn die anderen ihn abwiesen.

Es gab bereits vor Radio Caroline Versuche, mit Piratensendern für etwas mehr Schwung im Äther zu sorgen. Der vermutlich erste war Radio Mercur, das im August 1958 mit einem Schiff namens MS „Cheeta" anfing, das vor der dänischen Küste dümpelte. Die Idee, ein Schiff zu einem mobilen Radiosender umzufunktionieren, hatten Amerikaner, die kommunistische Regionen aus sicherer Entfernung mit Propaganda und Pop beschallten. Wenn es brenzlig wurde, konnten sie flugs den Anker lichten und davonfahren. Mit dem Senden aus internationalen Gewässern verstieß man damals zwar gegen kein Gesetz, dennoch handelte es sich um eine juristische Grauzone.

Ob Ronan O'Rahilly die Idee, wie ein Piratensender auf die Beine zu stellen wäre, selbst entwickelte oder sie nur übernahm, ist bis heute strittig. Ein australischer Musikverleger namens Allan Crawford hatte ähnliche Pläne, die er wohl mit O'Rahilly besprach. Fest steht nur, dass der Ire zuerst loslegte. Crawford hatte dann allerdings auch ein eigenes Schiff, die MV „Mi Amigo", am Start und tat sich später mit O'Rahilly zusammen, weil die Werbegeschäfte nur mäßig liefen. Die „Mi Amigo" wurde zu Radio Caroline South, während die „Caroline" als Radio Caroline North weitermachte.

Zu dieser Zeit hatte die British Broadcasting Corporation, kurz BBC, die britische Musiklandschaft fest im Griff. Popmusik durfte maximal 30 Minuten in der Woche gespielt werden. Nicht einmal für

Linke Seite Radio-Caroline-Gründer Ronan O'Rahilly in den frühen 1960er-Jahren in Dublin. *Oben* Manche DJs waren populär wie Popstars: Johnnie Walker, umringt von Fans, die ihn zur Pier begleiten, bevor er aufs Sendeschiff geht

die Beatles wurde eine Ausnahme gemacht. Auch das Abspielen von Schallplatten („Needle-Time") war durch die Musikergewerkschaft auf drei Stunden am Tag begrenzt. Der Bildungsauftrag wurde im öffentlich-rechtlichen Radio in Form von Nachrichten und familiengerechter Unterhaltung ernst genommen. Zur Auflockerung leierten Tanzorchester ihr Repertoire live im Studio herunter.

Da Ronan O'Rahilly als charmanter Plauderer galt und nicht nur den familieneigenen Hafen, sondern auch das Vermögen seines Vaters im Rücken hatte, fiel es ihm nicht schwer, betuchte Bekannte davon zu überzeugen, ihm bei seinem Radio finanziell unter die Arme zu greifen. Das fehlende Schiff besorgte er sich in Holland. Dort residierte das Unternehmen Dutch Wijsmuller Company, das neben Schiffen auch die Besatzung lieferte. Für 20 000 Britische Pfund erwarb O'Rahilly eine dänische Personenfähre, die MV „Fredericia", die mehr als drei Jahrzehnte alt war. Der alte Kasten wurde im Familienhafen technisch aufgemöbelt und mit einem hohen Sendemast ausgestattet.

Das Schiff mit DJs zu bemannen war dann tatsächlich etwas Neues. Denn bis dahin war es üblich gewesen, dass Piratensender nur vorab produzierte Programme vom Band laufen ließen. Ronan O'Rahilly heuerte, bewusst unkonventionell, überwiegend Seiteneinsteiger wie Schauspieler oder Immobilienmakler als Plattenaufleger an. Oder Leute, die er zufällig an einem Pubtresen aufgegabelt hatte, wie Tom Lodge, der einer der Star-DJs wurde.

Natürlich waren die Altvorderen der BBC und andere Vertreter von Recht und Ordnung nicht amüsiert über die aufmüpfigen Radiopiraten auf Hoher See. Um auf Nummer sicher zu gehen, hatte O'Rahilly sein Schiff in Panama registrieren lassen und für alle Fälle obendrein noch in Bolivien. Die Firma, die alles verantwortete, war in Irland gemeldet und lizenzierte die Übertragungsrechte von einem Unternehmen in Liechtenstein. Dazu kamen die Seeleute aus Holland: ein Kapitän, ein Koch, drei Matrosen und ein Techniker.

Am Ostersonntag ging die Radiorevolution offiziell auf Sendung. Dass die „Fredericia", die auf „Caroline" umgetauft worden war, ständig unterwegs sein sollte, war nicht geplant. So lag sie zu Anfang dreieinhalb Meilen vor der britischen Hafenstadt Felixstowe vor Anker und sorgte bereits rein äußerlich durch den hohen Sendemast für Aufsehen.

Das Wetter war in den Tagen zuvor nicht gnädig gewesen mit den Landratten-DJs an Bord. Hohe Wellen und starke Winde hatten alle an Bord kräftig durchgeschüttelt und so manchen an seine Belastungsgrenze getrieben. Nachdem sich alles beruhigt hatte, sah die Routine vor, dass die DJs zwei Wochen am Stück im Einsatz waren und dann eine Woche Landgang hatten.

An Bord war der Platz knapp. Neben all der Technik mussten auch viele Tonträger untergebracht werden. Unten, im Bauch des Schiffes, war die Musikdisko-

thek eingerichtet, in der Unmengen von Langspielplatten und Singles lagerten. Die DJs schliefen in kleinen, holzgetäfelten Kabinen, Duschen und WCs wurden gemeinschaftlich genutzt. Es war also eng, insbesondere für Menschen, die das Bordleben nicht gewohnt waren.

Auf diesem überschaubaren Raum prallten zwei Welten aufeinander: die holländischen Seeleute einerseits, die unaufgeregt ihrem Dienst nachgingen, und dann die überkandidelten Pop-DJs, die gerne Quatsch machten, etwa Frisbeewettbewerbe, bei denen unliebsame Schallplatten ins Meer entsorgt wurden.

Dennoch gibt am Ende des Tages auf jedem Schiff der Kapitän den Ton an – aber selbst das war auf der „Caroline“ anders. Das dämmerte den Seeleuten bald und machte sie nicht eben glücklich. Der erste Kapitän verbot einem der DJs, sich nach einer langen Sendung ein Brot in der Bordküche zu schmieren – einfach, weil er der Kapitän war. Den erstaunten Widerspruch tat er als Meuterei ab. Der Streit eskalierte so, dass die DJs den mürrischen Kapitän ablösen ließen.

„Wir fuhren ja nirgendwo hin. Der einzige Zweck unseres Aufenthalts an Bord war, Sendungen zu produzieren. Dem musste sich alles andere unterordnen. Unsere Art zu leben vertrug sich einfach nicht mit den Traditionen der Meere“, erinnerte sich Tom Lodge.

Ein paar maritime Traditionen gab es allerdings auch bei Radio Caroline. So schnappten sich Tom Lodge und sein DJ-Kollege Simon Dee im ersten Monat an Bord ein Tonbandgerät und nahmen das Läuten der Schiffsglocke auf. Erst setzten sie deren Klang nur gelegentlich in ihren Sendungen ein, aber dann war O'Rahilly davon so begeistert, dass er den Sound der Schiffsglocke zum Markenzeichen erklärte. Zu jeder vollen Stunde erklang die Radio-Caroline-Schiffsglocke.

„Die Glocke war wichtig, weil sie unserem Programm ein nautisches Image verlieh. Sie war aber auch wichtig für das britische Publikum, denn die Briten hatten schon immer ein besonders inniges Verhältnis zum Meer. Jeder Reporter, der an Bord kam, wollte ein Bild machen, wie wir die Schiffsglocke läuten“, schreibt Tom Lodge.

Erfolg ist oft eine Frage des Timings, und Radio Caroline hatte das Glück, dass sein Start mit der Einführung des Transistorradios einherging. Damit endete die Ära, in der sich Familien vor überdimensionierten Röhrenradiokästen im Wohnzimmer versammelten. Stattdessen verschanzte sich nun eine ganze Generation von Transistorradio-Teenagern in ihren Schlafzimmern und verfolgte aufgeregt, was die DJs vom Meer an Rock 'n' Roll zu bieten hatten.

Die Idee des „Teenagers“ war noch neu; lange Haare und laute Musik galten dem steifen Establishment als mindestens ebenso bedrohlich wie Kommunismus. Entsprechend groß war die Euphorie der jungen Hörer über das neue Radio. Wenn ein DJ in einem Nebensatz erwähnte, welchen Schokoriegel er bevorzugt, konnte er sicher sein, Massen davon mit der Post an Bord geschickt zu bekommen.

Der Sender lieferte den Soundtrack zum jungen Swinging London von Twiggy, Mary Quant, David Bailey und den Beatles. Zur Musik vom Schiff kam Bewegung ins verstaubte London und in die britische Klassengesellschaft. Die Röcke wurden kürzer, die Anzüge bunter und die Sexualität freizügiger. Drogen, bevorzugt

Linke Seite Die „Caroline" vor der Isle of Man. *Oben* Tom Lodge (links) und zwei weitere DJs lesen in der Bordbibliothek Hörerbriefe

in allerlei Formen von Pillen, schienen allgegenwärtig. Es wunderte nicht, dass dieser frisch-fröhliche Hedonismus dem Establishment nicht passte. Letztlich ging es um Macht und Geld. Die Aufforderung der Behörden, bei Radio Caroline keine Werbung zu schalten, verhallte ungehört. Aufgebrachte britische Würdenträger zeterten beständig, dass sie Radio Caroline trockenlegen würden. Auch deswegen wechselte das Schiff in regelmäßigen Abständen die Position. Nie war man ganz sicher, wo es gerade vor Anker lag.

Aber unsichtbar war es dummerweise nicht. So erinnert sich Tom Lodge in seinen Memoiren an den Tag, an dem er aus seiner Kabine blickte und eine Armada britischer Marineschiffe auf die „Caroline" zusteuern sah: „Viele große, graue Schiffe, die schnell auf uns zukamen."

Er bekam zwar einen Schreck, aber reagierte lässig, indem er und seine Kollegen die bevorstehende feindliche Übernahme als Liveübertragung inszenierten. Sie beschrieben die Schiffe, nannten deren Namen und grüßten die Matrosen. In ganz England sollen sich aufgeregte Zuhörer vor den Radios versammelt haben, um die Ereignisse zu verfolgen. Ein Effekt, der die Marineoffiziere kalt erwischte. Diese Art von Öffentlichkeit hatten sie nicht auf dem Plan. Kurz vor der „Caroline" drehten die Marineschiffe überraschend ab und verschwanden so schnell, wie sie gekommen waren. Zum Abschied schickten ihnen die DJs erleichtert den Kinks-Song „Sunny Afternoon" hinterher und wünschten der Besatzung einen schönen Tag.

Am Ende war es Ronan O'Rahilly selbst, der den Sender in Turbulenzen brachte. Sein lässiges Verhältnis zu Geld sorgte dafür, dass die Kassen eines Tages leer waren. Zu Hilfe kamen neue Gesellschafter, die aber auf einem konventionelleren Sendekonzept bestanden. Viele der etablierten DJs gingen frustriert von Bord. Am 14. August 1967 verabschiedete die britische Regierung dann den „Marine Broadcasting Offences Act", der endgültig alle Piratensender illegal machte. Wer gegen das Gesetz verstieß, konnte mit bis zu zwei Jahren Gefängnis belangt werden.

Die „Caroline" wurde 1968 festgesetzt. Damit endete eine Ära, aber es begann eben auch eine neue Zeit. Denn die BBC legte mit dem modernen Sender BBC One los, der nachhaltig von Radio Caroline beeinflusst war. Radio Caroline wurde immer wieder reaktiviert, aber den Glanz und die Wucht der frühen Jahre erlangte es nie mehr.

O'Rahilly ließ sich von den Widrigkeiten nicht bremsen. Anfang der 1970er meldete er sich mit „Caroline Televison" zurück: Piratenfernsehen, das aus Flugzeugen übertragen werden sollte. Aber das ist eine andere Geschichte.

Christoph Dallach wurde in dem Jahr geboren, in dem Radio Caroline auf Sendung ging. Er schreibt bevorzugt über Musik für „Zeit", „Zeit Magazin" und „Spiegel Online". Lange vor dem Internet prägte seinen Musikgeschmack der legendäre BBC-DJ John Peel. Er wusste, das Peels Karriere bei dem Piratensender Radio London begonnen hatte – einem Konkurrenten von Radio Caroline.

STAMPFEN & SCHAUKELN

Dass der Name „Rock 'n' Roll" aus der Seefahrt stammt, ist mehr als ein Gerücht. Wirklich?

Von
Martina Wimmer

O

„OH DO / MY JOHNNY BOWKER / COME rock and roll me over" heißt es in einem britischen Shanty aus dem frühen 19. Jahrhundert. Es ist nicht die erste Erwähnung des legendären Begriffspaars, aber eine recht eindeutige, zumal eine musikalische, die die verrufene Karriere des Rock 'n' Roll in seiner späteren Bedeutung recht passend einleitet. Spezialisten sortieren Bowker unter die *sweating-up-chants*, Lieder für kurze, heftige Bewegungen, bei denen die Männer ordentlich ins Schwitzen gerieten.

Letztlich kommt es eben bei vielem auf den richtigen Rhythmus an. Und nicht notwendigerweise auf liebliche Harmonien. Das gilt fürs Segelsetzen genauso wie für Sex. Der Rhythmus jedenfalls war es, den die Seeleute brauchten, um an Bord ihre Kräfte zu mobilisieren. Der Beat, die Schlagzahl, das gesungene Kommando, schon damals haben die Kerle dabei offenbar nicht an die Schwere der Arbeit gedacht, sondern lieber an die Leichtigkeit des Seins und ihre Seemannsbräute an Land.

Rocking and rolling, das taten Schiffe seit je in der Sprache der Seefahrernation, Schiffe, die nebenbei im Englischen schon immer weiblich waren. Und die Variationen im Wechselspiel von Wellen und Bootskörpern eigneten sich bestens für zotige Allegorien, die immer mitklangen, wenn Schiffe so wild auf dem Meer tanzten wie später die entfesselte amerikanische Jugend: Das beharrlich vorwärts drängende, stampfende Auf und Ab *(rocking)* und das wiegende Seitwärtsschaukeln *(rolling)* waren verbale Steilvorlagen für einsame Matrosengesänge. Es sei hier lediglich am Rand erwähnt, dass Zweiteres nur im Sprachbild etwas harmloser erscheint. Beim *rolling* wird weniger Seefesten gemeinhin am nachhaltigsten schlecht, harte Wellenstöße lassen sich auf einem Schiff leichter ertragen. Die Casanovas der Meere hätten auch hier möglicherweise noch Parallelen bestätigen können. Sanft schaukelnde Umarmungen richten oftmals auch an Land den ungleich größeren Schaden an.

Die frühen Seeleute, die den Rock 'n' Roll unwissentlich besangen, hatten damals keine Hand frei für Drumsticks oder E-Gitarren. Und keine Zeit für den narzisstischen Furor und Ennui, der laute Töne gebiert. Wären sie denen begegnet, die viel später die musikalische Horizonterweiterung suchten, hätten sie möglicherweise trotzdem Gemeinsamkeiten gefunden, bei einer Flasche Rum die Tätowierungen verglichen und von ihren Mädels geprahlt. Manche Männer sind so.

Der, der das *rocking and rolling* der Legende nach aufs Trockene gelegt hat, um eine musikalische Revolution zu benennen, war ein amerikanischer Radio-DJ namens Alan Freed. In seiner Radioshow „Moondog Rock 'n' Roll House Party" machte er die weiße Mittelstandsjugend mit schwarzem Rhythm 'n' Blues bekannt. Das hört sich aus heutiger Sicht aufregender an als der ebenfalls weiße, wenig Erotik versprühende Bill Haley, der nichtsdestoweniger einer der Ersten war, der „Rock, rock, rock everybody, roll, roll, roll everybody" sang. Die Jugend, von betulichen Nachkriegsklängen in Musik und Gesellschaft gelangweilt bis genervt, folgte ihm euphorisch und wackelte mit den Hüften dazu.

Man könnte auch sagen, der Rock 'n' Roll war von einer Seebärenfantasie in gut hundert Jahren zur ziemlich deutlichen Körperbewegung geworden, natürlich von niemandem so perfekt wie publikumswirksam ausgeführt wie von dem, den sie „The King" nannten. Kein Kommandoempfänger mehr, sondern einer, der am Ende das Opfer der eigenen Ansage wurde. Es gab keine Seefahrer unter den Rock 'n' Rollern; der Rhythmus war zu schnell, zu fordernd, um auf guten Wind zu warten. Der Untergang der Größen, der gleichzeitig das Ende der Jugendbewegung einleitete, erfolgte konsequenterweise in Verkehrsmitteln, mit denen man glaubte, die Zeit überholen zu können. Sie stürzten in Flugzeugen ab wie Buddy Holly oder Ritchie Valens oder fuhren mit Autos in Gräben wie Eddie Cochran oder Gene Vincent. Meist eher unabsichtlich gingen einige Kapitäne viel zu früh von Bord.

Hartnäckig über Wasser gehalten hat sich das Wort sowie die Musik, die es bezeichnet. Verkrampfte Bezüge zu Wind, Wogen und Meer späterer Interpreten wie die schlimmste Seglerballade aller Zeiten, „I am Sailing", sollten lieber totgeschwiegen werden. Nur wer lange genug dasselbe Gitarrenriff in der größten Rock-'n'-Roll-Band der Welt spielt, wie ein gewisser Keith Richards, wird unsterblich und deswegen als Pirat der Karibik geehrt.

mare-Kulturredakteurin Martina Wimmer, Jahrgang 1965, wurde schon als Kleinkind aufs bayerische Meer mitgenommen und befuhr es später mit dem berüchtigten Partydampfer „Libella", auf dem ihre bevorzugte Punkdisco die touristische Voralpenidylle zerstörte.

Von
Rob Kieffer

Elvis

Rock 'n' Roll auf der Vulkaninsel

Hawaii wurde für Elvis Presley zum tropischen Cocktail aus Exotik und Erotik. Der unbestrittene King of Rock 'n' Roll hielt seiner Lieblingsinsel die Treue bis kurz vor seinem Tod

Joan Blackman und Elvis Presley
in „Blue Hawaii", 1961

HINTER DEM VORHANG STREICHELT ER NOCH EINMAL SEINE GITARRE, die sein Talisman ist. Die nachtschwarze 1969er Gibson Ebony Dove hat er bei den meisten seiner ausverkauften, von Massenhysterien begleiteten Konzerte dabei. Dann, um 12.30 Uhr, leuchtet auf dem Monitor das flammenrote Signal „On Air", der Sendestart zu „Aloha from Hawaii", dem ersten via Satellit in viele Länder ausgestrahlten Fernsehlivekonzert eines Solokünstlers. Elvis Presley, Rock-'n'-Roll-Legende und Rekordmeister aller Popcharts, betritt an diesem 14. Januar 1973 unter den aufwühlenden Klängen von „Also sprach Zarathustra" die Bühne im Kongresszentrum von Honolulu, Hawaiis Hauptstadt.

Als Presley die ersten beiden Songs spielt, „See See Rider" und „Burning Love", umklammert er aufgeregt den Mikrofonständer. Obwohl er mithilfe von Diätpillen fast 20 Kilogramm abgespeckt hat, zwackt ihn sein mit Strass und US-Adlern geschmücktes Capekostüm. Er scheint in Gedanken bei der nur einige Monate zurückliegenden Trennung von seiner Ehefrau Priscilla zu sein. Dann reißt sich der gefühlsame Champion zusammen. Er legt routiniert ein Konzert hin, bei dem Kritiker zwar seinen Hüftschwung aus Memphis-Zeiten und die akrobatischen Wirbel der ersten TV-Shows vermissen, das aber zur Sensation der Musikgeschichte wird: In Asien, dem Hauptkontinent der Liveausstrahlung, bricht das mit Riesentamtam angekündigte Spektakel jeden Rekord. Auf den Philippinen sitzen sogar 90 Prozent aller Besitzer eines TV-Geräts gebannt vor dem Kasten. Zeitversetzt gelangt das Konzert in die Wohnzimmer Europas, und im April bekommen die US-Bürger eine längere NBC-Fassung zu sehen. Zusammengerechnet lassen sich mehr als eine Milliarde Zuschauer in 40 Ländern von „Aloha from Hawaii" faszinieren. Nicht einmal die ersten Schritte von Neil Armstrong auf dem Mond, im Juli 1969 direkt übertragen, erreichten diese Traumquote.

Auf der Insel reiben sich Touristikmanager und Hotelbesitzer zufrieden die Hände. Der Superstar hat den Namen Hawaii in die Welt getragen. Der Bürgermeister von Honolulu deklariert den 14. Januar zu einem nahezu religiös-feierlichen „Elvis Presley Day". Es ist nicht das erste Mal, dass sich das Idol als Botschafter für seine Rückzugsoase ins Zeug legt. Dabei hat er den Pazifikarchipel rein zufällig kennengelernt.

Es ist nicht Presley selbst, der 1957 Hawaii auswählt, um dort drei Konzerte zu geben. Drahtzieher ist sein mephistophelischer Manager Colonel Tom Parker. So wie der geschäftstüchtige Impresario vorher als Zirkusmanager mit dressierten Affen sein Geld verdiente, hält er Presley bis zu dessen Karriereende an der Leine. Parker will das Einsatzgebiet seines Schützlings ausweiten, schwankt zwischen Australien und Hawaii und lässt die Würfel entscheiden. So besteigt Presley am 5. November 1957 das Passagierschiff „Matsonia" zu einer fünftägigen Passage nach Hawaii. Dass er nicht das Flugzeug

„Blue Hawaii" war der kommerziell erfolgreichste der 31 Kinofilme von Presley. Die Feuilletons verrissen ihn als Hula-Kitsch

Am 14. Januar 1973 gab Presley sein legendäres Konzert im Kongresszentrum von Honolulu. Über eine Milliarde Menschen weltweit sahen den Auftritt, mehr als die Mondlandung vier Jahre zuvor

In „Paradise, Hawaiian Style“ spielt Presley
einen Hubschrauberpiloten. Der Film konnte
nicht mehr an den Erfolg von „Blue Hawaii“

nimmt, wie seine „Memphis Mafia" genannten Bandmusiker und Hintergrundsänger, hat mit dem Einfluss seiner verehrten Mama zu tun. Gluckenmutter Gladys hat ihrem Sohn geraten, Flugzeuge zu meiden.

Bei seinen ersten Hawaii-Sessions ist Presley nicht nur erstaunt über die Gastlichkeit und Unbeschwertheit der Insulaner, die ihn unter polynesischen Leis, den Blütenkränzen, fast begraben, sondern auch über deren Disziplin. Weder fliegen, wie bei seinen sonstigen Auftritten, Damenunterwäsche und Teddybären auf die Bühne, noch übertönt hysterischer Jubel seine Stimme. Presley findet schnell Gefallen an der Postkartenidylle des Eilands, das 1959 der 50. Bundesstaat der Vereinigten Staaten wird. Regelmäßig macht er dort Ferien, besucht schroffe, nebelverhangene Vulkanhänge und makellose Traumstrände, von kristallklarem Wasser umspült. Vor allem aber schätzt er, dass Umgang und Traditionen lockerer sind als in seiner von Ku-Klux-Klan-Mief umwehten Südstaatenheimat. Nicht zu Unrecht wird die Insel mit sittlicher Freizügigkeit in Verbindung gebracht. Schon der Entdeckungsfahrer James Cook war im Januar 1779 von barbusigen Inselmädchen empfangen worden, die sich nicht nur zum Nachmittagstee auf den Schiffen einfanden. Auch Presley ist entzückt von den jungen, exotischen Hawaii-Girls, die nicht mit Reizen geizen. Immerhin wird ihm ein Faible für Mädchen im Lolitaalter nachgesagt, seine Frau Priscilla lernt er kennen, als sie knapp 14-jährig ist.

Das Fremdenverkehrsbusiness ist begeistert, dass die Konzerte und späteren Filme des höchstbezahlten Entertainers quasi kostenlos für die regenbogenfarbenen Atolle und die pralle Vegetation werben. Presley ist der personifizierte Klischeetraum der glücklichen Südsee. Seine Ladykilleraura passt zu Hawaiis libertärem Renommee, eine sinnesfreudige Enklave im ansonsten prüden Amerika. Liebeshungrige GIs, im Transit auf der Hin- oder Rückreise von den Schlachtfeldern in Vietnam, lassen in Bars und Bordellen viel Geld. Im Club „The Dunes" servieren weibliche wie männliche Bedienungen topless. Sogar das über der Hose getragene Hawaii-Hemd ist zum Symbol seliger Leichtigkeit geworden.

Presley, der sich aus bescheidenen Verhältnissen als Lastwagenfahrer zum Multimillionär hochgearbeitet hat, betätigt sich gerne als Wohltäter. Am 25. März 1961 gibt er auf Hawaii ein Benefizkonzert, dessen Erlös zur Finanzierung des „USS Arizona"-Mahnmals beiträgt. Das mächtigste Schlachtschiff der US-Flotte war am 7. Dezember 1941 bei dem Überraschungsangriff der Japaner auf die hawaiische Marinebasis Pearl Harbor versenkt worden. 1177 von 1400 Seeleuten ließen ihr Leben. Presley nutzt den Wohltätigkeitsabstecher, um seinen ersten Hawaii-Film zu drehen. Mittlerweile hat er schon mehrere Leinwandproduktionen hinter sich, in denen er singende Cowboys, Soldaten und Nachtclub-Crooner spielt, umschwärmt von eifersüchtigen

Presley kennt die Insel bereits gut, als er „Blue Hawaii" dreht. Den legeren Umgang der Menschen untereinander empfindet der die Bigotterie der Südstaaten Gewohnte als befreiend

Mädchen. Um das Kinopublikum bei der Stange zu halten, werden ihm bei jedem Dreh Liaisons mit seinen Filmpartnerinnen angedichtet. Doch die Zuschauer fangen an, der Schmonzetten überdrüssig zu werden. Der Versuch, ihn in den Filmen „Flaming Star" und „Wild in the Country" als ernsthaften Akteur zu etablieren, nach Muster eines James Dean oder Marlon Brando, bringt nicht den gewünschten Erfolg.

Hawaii soll frischen Wind bringen, Exotik mit Erotik zu einem spritzigen Cocktail verquirlen. In „Blue Hawaii" lädt der Titelsong mit der Verlockung „Come with me while the moon is on the sea" zu einer Reise in die paradiesische Szenerie ein, zu den Korallenriffen der Hanauma Bay und den Kokosnusswäldchen der Coconut Coast. Der laue Passat streichelt sanft die Hibiskusblüten, die Brandung donnert, während der Plot schnell erzählt ist: Der von Presley gespielte Chad kehrt nach seinem Armeedienst in Europa auf seine Heimatinsel zurück. Er will aber nicht die elterliche Ananasplantage übernehmen, sondern als Reiseführer vor allem attraktive Mädchen in die Reize der Insel einweihen. Das Drehbuch ist Vorwand, um Presley in sehr eng anliegenden Shorts und psychedelisch bunten Hawaii-Hemden zu zeigen. Die Damen tragen originellerweise eng anliegende Badeanzüge und die mit dem Po wackelnden Tänzerinnen Baströckchen. Presleys Buddys trommeln auf ihre nackte muskulöse Brust, zupfen an der Ukulele, surfen auf den Wellen und schlürfen Mai-Tai-Cocktails. Das unausweichliche Happy End ist eine in Drageefarben gehüllte Vermählungsfeier unter Palmen. Chad bezirzt, auf einem Bambusfloß dahintreibend, seine Geliebte mit dem Lied „Hawaiian Wedding", im Hintergrund bimmeln die Hochzeitsglocken.

Blue Hawaii" ist der kommerziell erfolgreichste von insgesamt 31 Presley-Spielfilmen, wenngleich er von den Feuilletons verrissen und als Hula-Kitsch belächelt wird. Die Platte mit dem Soundtrack erobert aber schnell die Hitlisten. Was liegt näher, als die Hawaii-Kulisse weiter auszunutzen, zumal Presley Geld braucht? Auf seinem Einkaufszettel stehen nicht nur Juwelen und vergoldete Pistolen, sondern auch Privatjets, Villen, Pferdeställe und Luxusmobiliar für sein Anwesen Graceland. Doch die beiden folgenden Musikkomödien, die auf Hawaii gedreht werden, sind wenig erfolgreich. Wieder ist die Kamera wie bei einer abgefilmten Touristikbroschüre eingesetzt worden. Und wieder muss Presley virile Sunnyboys mit Gitarre darstellen, die sich der liebestollen Mädchen kaum erwehren können. In „Girls! Girls! Girls!" mimt er einen Charterbootkapitän, in „Paradise, Hawaiian Style" einen Hubschrauberpiloten.

Ende der 1960er-Jahre kehrt Elvis Presley Hollywood den Rücken und startet ein Comeback auf der Bühne. Um sich von dem Tourneemarathon und Las-Vegas-Rummel zu erholen, reist er immer wieder nach Hawaii. Er hat dort Freunde gewonnen wie Jack Lord, Hauptdarsteller der Krimiserie „Hawaii

Elvis Presley und seine Frau Priscilla. Die 14-Jährige lernte ihren zehn Jahre älteren Mann in Bad Nauheim kennen, wo er stationiert war. Sie haben eine Tochter

Fünf-Null“, oder den Kampfsportler Ed Parker, der ihn in Karate unterrichtet. Auch die letzten Ferien vor seinem Tod verbringt er, gerade 42, auf seiner Lieblingsinsel. Auf einem grobkörnigen Foto, aufgenommen im März 1977, posiert er mit „Miss Tennessee“ Ginger Alden, seiner neuen Verlobten. Im blauen Frotteetrainingsanzug, ein Rentnerhütchen auf dem Kopf, wirkt der King of Rock 'n' Roll wie ein König ohne Krone.

In seinen Memoiren schildert Kalani Simerson, Presleys Chauffeur und Vertrauter während dessen Hawaii-Aufenthalten, eine letzte gemeinsame Partie Strandfussball. Der korpulente, medikamentensüchtige Sänger habe sich kaum bewegen können. Es sei ihm nicht mehr gelungen, den Ball zu kicken, sei torkelnd in einen Maschendrahtzaun gefallen und habe sich die Hand verletzt. Traurig, sehr traurig sei das Spiel gewesen. Bis zum Schlusspfiff in Presleys Leben waren es von da an nur noch wenige Monate: Am 16. August 1977 hörte sein großes Herz auf zu schlagen.

Rob Kieffer, Jahrgang 1957, lebt als Journalist und Autor in Luxemburg. Beim Anschauen der auf Hawaii spielenden Filme von Elvis Presley war er weniger von den über der Hose hängenden bunten Hemden des Stars beeindruckt als vom Liebreiz der Frauen, die um ihn herumwippten.

Sehnsucht

Fundstücke aus Kunst und Literatur

Das Meer ist eine wunderbare Projektionsfläche für allerlei Sehnsüchte. Drei Frauen aus drei unterschiedlichen Generationen sind am Strand und imaginieren sich ein Anderes, vielleicht ein Besseres. Die Erzählerin in Annette von Droste-Hülshoffs (1797–1848) berühmtem Gedicht sitzt als Gefangene ihres eigenen Geschlechts im Turm, sehnt sich nach der Möglichkeit eines wilden Männerlebens draußen, doch es bleibt ihr nichts anderes, als heimlich das Haar im Wind flattern zu lassen. Was Edvard Munchs (1863–1944) „Junge Frau am Strand" ersehnt, weiß man nicht, doch das ist das Schöne an der Kunst: Sie lässt Raum für die eigene Imagination. Marie Luise Kaschnitz' (1901–1974) jugendliche Protagonistin hingegen ist voll aufmüpfiger Energie, ausgelöst durch einen Urlaub am Strand. Sie sitzt nicht da und kämmt sich das Haar, sondern zieht los, die Welt zu erobern. *zdb*

Annette von Droste-Hülshoff

Am Turme

Ich steh' auf hohem Balkone am Turm,
umstrichen vom schreienden Stare,
und lass' gleich einer Mänade den Sturm
mir wühlen im flatternden Haare;
o wilder Geselle, o toller Fant,
ich möchte dich kräftig umschlingen,
und, Sehne an Sehne, zwei Schritte vom Rand
auf Tod und Leben dann ringen!

Und drunten seh' ich am Strand, so frisch
wie spielende Doggen, die Wellen
sich tummeln rings mit Geklaff und Gezisch
und glänzende Flocken schnellen.
O, springen möcht' ich hinein alsbald
recht in die tobende Meute
und jagen durch den korallenen Wald
das Walroß, die lustige Beute!

Und drüben seh' ich ein Wimpel wehn
so keck wie eine Standarte,
seh' auf und nieder den Kiel sich drehn
von meiner luftigen Warte;
o, sitzen möcht' ich im kämpfenden Schiff,
das Steuerruder ergreifen
und zischend über das brandende Riff
wie eine Seemöve streifen.

Wär' ich ein Jäger auf freier Flur,
ein Stück nur von einem Soldaten,
wär' ich ein Mann doch mindestens nur,
so würde der Himmel mir raten;
nun muß ich sitzen so fein und klar
gleich einem artigen Kinde
und darf nur heimlich lösen mein Haar
und lassen es flattern im Winde!

Marie Luise Kaschnitz

Aus: Lange Schatten

Langweilig, alles langweilig, die Hotelhalle, der Speisesaal, der Strand, wo die Eltern in der Sonne liegen, einschlafen, den Mund offenstehen lassen, aufwachen, gähnen, ins Wasser gehen, eine Viertelstunde vormittags, eine Viertelstunde nachmittags, immer zusammen. Man sieht sie von hinten, Vater hat zu dünne Beine, Mutter zu dicke, mit Krampfadern, im Wasser werden sie dann munter und spritzen kindisch herum. Rosie geht niemals zusammen mit den Eltern schwimmen, sie muß währenddessen auf die Schwestern achtgeben, die noch klein sind, aber nicht mehr süß, sondern alberne Gänse, die einem das Buch voll Sand schütten oder eine Qualle auf den nackten Rücken legen. Eine Familie zu haben ist entsetzlich, auch andere Leute leiden unter ihren Familien, Rosie sieht das ganz deutlich; zum Beispiel der braune Mann mit dem Goldkettchen, den sie den Schah nennt: Statt bei den Seinen unterm Sonnenschirm hockt er an der Bar oder fährt mit dem Motorboot, wilde Schwünge, rasend schnell und immer allein. Eine Familie ist eine Plage, warum kann man nicht erwachsen auf die Welt kommen und gleich seiner Wege gehen. Ich gehe meiner Wege, sagt Rosie eines Tages nach dem Mittagessen und setzt vorsichtshalber hinzu, in den Ort, Postkarten kaufen, Ansichtskarten, die an die Schulfreundinnen geschrieben werden sollen, als ob sie daran dächte, diesen dummen Gören aus ihrer Klasse Kärtchen zu schicken, Gruß vom blauen Mittelmeer, wie geht es dir, mir geht es gut.

Edvard Munch

„Junge Frau am Strand (Die Einsame)“, 1896,

Aquatinta und Kaltnadelradierung auf Zinkplatte, 29 mal 22 Zentimeter, Munch-Museum, Oslo

Die wollen doch nur töten

Es waren Inszenierungen, Spiele fürs Volk, blutig und ernst. Römische Kaiser ließen Arenen fluten und schickten Tausende Gladiatoren aufs Wasser, um Seeschlachten nachzustellen

Von Emanuel Eckardt

Bevor wir die Zeitmaschine ins alte Rom starten, um ins grausame Zeitalter der Gladiatorenkämpfe und der Tierhetzen zu gelangen, sollten wir uns die Frage stellen: Waren sie wirklich anders als wir, die johlenden Massen, die Blut sehen wollten und Zweikämpfe auf Leben und Tod? Zu den dunklen und keineswegs verborgenen Seiten unserer Zivilisation gehört die Schaulust an blutigem Geschehen. Kettensägenmassaker, perverse Gewalt im Kinofilm und brutalstmögliche Computerspiele zum Training der Mordlust sind Teil einer publikumswirksamen Alltagskultur. Jeden Sonntag warten in Deutschland, Österreich und der Schweiz Millionen Fernsehzuschauer in voyeuristischer Gewaltbereitschaft auf den Mord, ohne den kein „Tatort" mehr zumutbar ist; 100 Tote in einer Woche sind im Fernsehen keine Seltenheit. Immer wieder gibt es öffentliche Hinrichtungen in China vor Tausenden Zuschauern in Sportstadien. Wie grausam war dagegen das Alte Rom?

Unter Julius Cäsar war das Imperium Romanum zur erfolgreichsten Militärmacht der Antike geworden. Für Cäsar war das Jahr 46 v. Chr. ein besonderes Jahr. Er hatte gerade den Julianischen Kalender eingeführt. Wegen der Umstellung vom alten auf den neuen Kalender hatte das Jahr 445 Tage, und die nutzte er zum Feiern. Er war auf dem Höhepunkt seiner Macht und auf dem Weg zur Alleinherrschaft. Seine Legionen hatten viele neue Provinzen erobert, in zwei Jahrzehnten wohl eine Million Menschen getötet und eine Million Menschen gefangen genommen und versklavt; wer sich ihnen entgegenstellte, war verloren: Iberer, Helvetier, Gallier und Germanen und nach jahrelangem Bürgerkrieg auch seine Rivalen und viele seiner Widersacher. Ägyptens Königin Kleopatra hatte sich unterworfen und ihm einen Sohn geboren. Wäre sie seine legitime Gattin gewesen, hätte er es noch zum Pharao bringen können. Die Welt lag ihm zu Füßen. Rom sollte feiern wie nie zuvor.

Rechte Seite **Eine Naumachie im antiken Rom, Ölgemälde aus dem 19. Jahrhundert. Mit „Naumachie" wurden sowohl die maritimen Anlagen als auch die blutigen Aufführungen selbst bezeichnet**

Ein Triumphzug genügte ihm nicht. Er schenkte dem Volk glanzvolle Spiele, die sich über Wochen hinzogen. Er befahl, am Marsfeld einen künstlichen See anzulegen (vielleicht auch in Trastevere, wir wissen es nicht genau). Die Römer sollten eine historische Seeschlacht zwischen phönizischen und ägyptischen

Galeeren zu sehen bekommen, nicht in Mosaikbildern oder in Stein gehauen, sondern in Echtzeit, als realistisches Gefecht, in dem 4000 Ruderer und 2000 Decksoldaten kämpften.

Schiffe wurden schnell gebaut, 22 Galeeren mit Rahsegel und Ruderbänken – Biremen und Triremen, schnelle Galeeren mit zwei oder drei Ruderreihen übereinander, und die noch schnelleren Quadriremen, bei denen zwei Mann je Riemen in zwei Reihen übereinandersaßen. Bei voller Kraft erreichte ein solches Schiff Geschwindigkeiten von 3,30 Meter je Sekunde, genug, um mit dem Rammsporn seitwärts in die gegnerischen Ruderreihen zu rauschen, um sie abzurasieren, während die Decksoldaten Speere, Steine und Feuertöpfe auf die Gegner herabregnen lassen.

Woher nahm er die Krieger, die er in diesen Schaukampf auf Leben und Tod schickte? Freiwillige waren es gewiss nicht. Es ist anzunehmen, dass sie aus Gefängnissen und Gladiatorenschulen rekrutiert wurden. Cäsar selbst soll in Capua südlich von Rom ein solches Fitnesscenter für Kampfsportler betrieben haben. Die Teams bestanden wohl im Wesentlichen aus überführten Mördern, Brandstiftern oder Tempelschändern, Getreidedieben, entlaufenen Sklaven oder Kriegsgefangenen. Mag sein, dass Gladiatoren zweiter Wahl dabei waren. Es war aus Sicht des Veranstalters vermutlich ökonomischer, diese Männer im Kampfsport einzusetzen und ihre Zahl drastisch zu reduzieren, als sie durchzufüttern. Möglicherweise wurden Überlebende der Schlacht als Sklaven verkauft oder für den nächsten Schaukampf in Reserve gehalten. Freigelassen wurde niemand.

Cäsars Feuer- und Wasserschlacht war, soweit wir wissen, die erste Naumachie der Geschichte, eine nachgestellte Seeschlacht als Event der Superlative. Das Volk von Rom kam in Scharen. Von weither anreisende Zuschauer kampierten in der Stadt und verstopften die Straßen. Das Gedränge war so groß, dass Menschen niedergetrampelt wurden.

Das Schauspiel machte Schule. Wer in Rom Macht ausübte, musste sie zeigen. Wer Rom regiert, ist Herrscher der Welt und der öffentliche Triumph unverzichtbar. Das Volk will Brot und Spiele, es jubelt den Siegern zu.

Anderthalb Jahre nach seiner Supershow wurde Cäsar ermordet. Sein Nachfolger, Großneffe und Adoptivsohn Augustus, erreichte erst nach langem Bürgerkrieg die Alleinherrschaft. Das Augusteische Zeitalter brach an. Roms erster Kaiser regierte eine Weltmacht, die eine Seemacht war. Das Imperium Romanum umfasste sämtliche Küsten des Mittelmeers. Das Meer, das nun *mare nostrum,* Unser Meer, genannt wurde, sollte, so verfügte es der Imperator zur Demonstration göttlicher Macht, ins Stadtbild integriert werden.

Zwei Jahre vor Beginn unserer Zeitrechnung ließ Kaiser Augustus mitten im heutigen Stadtteil Trastevere eine 540 mal 350 Meter große permanente Naumachie errichten, gespeist von der eigens hierfür erbauten Aqua Alsietina, einer weitgehend unterirdischen Wasserleitung, die über 33 Kilometer von dem kleinen vulkanischen See Lacus Alsietinus herangeführt wurde. Auf den letzten 500 Metern brachte ein prächtiges Aquädukt die Meeresfluten in den künstlichen See.

Weil Augustus hier die Schlacht von Salamis nachstellen wollte – immerhin die größte Seeschlacht der Antike, mit, wenn man Herodot glaubt, mehr als 3000 Schiffen allein auf der persischen Seite –, wurde gewaltiger Aufwand getrieben. Selbst eine kleine Insel vergaß man nicht in der Nachbildung der Bucht von Salamis zu bauen, 30 Biremen und Triremen wurden zu Wasser gelassen, 3000 Soldaten in die Schlacht geschickt. Cäsar hatte die Maßstäbe gesetzt – Augustus hatte ihn übertroffen.

Linke Seite **Der Vorläufer des berühmten Kolosseums. Diese Naumachie ließ Kaiser Augustus in Roms Stadtteil Trastevere errichten – 540 mal 350 Meter groß, geflutet mit Wasser aus einem vulkanischen See**

Claudius, Kaiser von 41 bis 54, gelang ein halbes Jahrhundert später die größte Naumachie aller Zeiten. Er ließ im Jahr 52 auf dem Fuciner See, damals das größte Binnenmeer Mittelitaliens, eine Seeschlacht als Großereignis inszenieren, das alle bisherigen Gefechte in den Schatten stellte.

Aus einem nachgebildeten Muschelhorn tönte das Startsignal, und aus vielen tausend Kehlen brüllte es daraufhin „Ave Caesar, morituri te salutant!“, „Heil dir, Cäsar, die Todgeweihten grüßen dich“. Dann waren sie mit ihrem Latein am Ende. Zumal der Imperator den Fehler machte zu antworten „Aut non!“, „Oder auch nicht“, worauf die Todgeweihten nicht mehr kämpfen wollten – sie dachten allen Ernstes, sie seien begnadigt.

Der Niederländer Fik Meijer, Professor für Alte Geschichte in Amsterdam, erzählt in seinem lesenswerten Buch „Gladiatoren – Das Spiel um Leben und Tod“, dass Claudius mit dem Gedanken spielte, den Sklaven mit Feuer und Schwert den Garaus zu machen. „Schließlich sprang er von seinem Sitz hoch und lief am Ufer des Sees entlang, um die Männer zum Kampf anzuspornen. Sein wackelnder Gang rief jedoch nur Heiterkeit hervor. Durch Drohungen und Versprechungen brachte er sie endlich doch noch dazu, den Kampf zu beginnen.“

Die Nachstellung einer fiktiven Seeschlacht zwischen Rhodos und Sizilien wurde zum furchtbaren Gemetzel. 19 000 Sklaven kämpften auf 50 Schiffen bis aufs Blut. Die *naumachiarii* hatten nicht mehr viel vom Leben zu erwarten. „Gekämpft wurde, wenngleich unter Verbrechern, mit dem Mut tapferer Männer, und nach vielen Verwundungen entzog man die Übrigen der völligen Vernichtung“, schreibt Tacitus über die Seeschlacht im Fuciner See. Am Ende ließ Claudius offenbar Milde walten.

Die Kaiser machten gewaltige Summen locker. Denn der wichtigste Effekt dieser publikumswirksamen Großereignisse war der Jubel, der ihnen entgegenbrandete. Nero, Kaiser von 54 bis 68, verfügte den Bau eines hölzernen Amphitheaters, in dem eine Seeschlacht zwischen Persern und Athenern nachgestellt wurde. Um die Spannung zu erhöhen, ließ er Krokodile, Schlangen und Flusspferde als Meeresungeheuer im Wasser umherschwimmen. Also traute sich kein Kämpfer mehr, ins Wasser zu springen, um dem Gemetzel zu entgehen. Nach der Schlacht wurde das Wasser abgelassen, und man gab den Ring frei für die Gladiatoren.

Auch Titus ließ während seiner Herrschaft von 79 bis 81 eine Arena fluten, um eine Seeschlacht nachzuspielen: das neu erbaute Kolosseum. Doch die Größe des Bauwerks setzte dem freien Spiel der Kräfte Grenzen. In der 86 mal 54 Meter großen Arena war gerade Platz für zwei Triremen. Deshalb ließ er seine Seeschlacht auf dem künstlichen See ausrichten, den Augustus am Tiber angelegt hatte. Doch es gab im alten Rom auch grundsätzliche Kritik. Seneca der Ältere (54 v. Chr.–39 n. Chr.) äußerte sie aus einer recht elitären Position: Massenvorführungen, sagte er, seien nur für Menschen mit schlichtem Geschmack geeignet. Dabei störte ihn nicht, dass sie grausam waren, sondern *sine arte*, ohne Kunstfertigkeit. Einfach niveaulos, das Ganze.

Weil Domitian, Bruder des Titus und Kaiser von 81 bis 96, das Kolosseum mit Raubtierkäfigen und Verliesen für Sklaven und Gefangene unterkellern ließ, konnte es nicht mehr geflutet werden und war künftig für Seeschlachten ungeeignet.

Man vermutet, dass die letzte Naumachie im Jahr 247 von Kaiser Philippus Arabs angeordnet wurde. Er war der erste Araber unter den Herrschern des Römischen Reiches. Mit dem Wechsel zur christlichen Wertegemeinschaft verschwanden Gladiatorenkämpfe und das blutige Staatstheater.

Es musste erst wieder ein Augusteisches Zeitalter kommen, um die Naumachien neu zu beleben. Wir schreiben das Jahr 1775. Seeschlachten waren nun ein Feuerwerk mit Pulverdampf und Kanonendonner, ein spektakuläres Schauspiel, so befand Sachsens junger Kurfürst Friedrich August III. in barockem Überschwang, das es verdiente, auch an Land gezeigt zu werden. Angeregt hatte ihn dazu der Besuch des russischen Admirals Alexej Grigorjewitsch Orlow, ein Seeheld seiner Zeit. Fünf Jahre zuvor hatte Orlow in der Seeschlacht von Çeşme die osmanische Flotte besiegt. Der Kurfürst war von den Schilderungen seines Gastes so beeindruckt, dass er mehrere Kriegsschiffe nachbauen ließ, um die Schlacht nachzustellen. Er ließ am Moritzburger Großteich eine Küstenlandschaft mit repräsentativer Hafenanlage und einem Leuchtturm errichten. Aber dem Barockfürsten ging es vor allem ums Geballer und das prachtvolle Feuerwerk. Nie hätte er Soldaten für diese Show geopfert – die wurden für reale Kriege gebraucht.

Der Leuchtturm von Moritzburg ragt noch wie ein historisches Versehen in die Landschaft. Seeschlachten in Öl sind Geschichte; hier und da wird in Auktionen um sie gekämpft. Aber als Realityshow sind sie in Vergessenheit geraten.

Der Hamburger Autor Emanuel Eckardt, Jahrgang 1942, kennt sich nicht nur mit Inszenierungen aus. In **mare** *No. 84 schrieb er über die echte Seeschlacht von Actium.*

Der Vier-Stunden-Krieg

Der erste Schuss der französischen Marine im Ersten Weltkrieg fiel im Hafen von Tahiti. Die Gegner waren übersteigerter französischer Chauvinismus und dumpfer deutscher Militarismus

Von Karl Spurzem

KRIEG HAT SO VIELE URSACHEN, MOTIVE UND Auslöser, wie es Kriege gibt. Keiner gleicht dem anderen, und die 14 400 Kriege, die die Menschheit bisher ertragen musste, waren – entgegen den vorgeblich rationalen Interessen, die sie durchzusetzen beabsichtigten – fast immer irrational. Das grausame Spiel bewaffneter Mächte hat etwas Absurdes; es ist sinnlos, unvernünftig, manchmal auch komisch und oft sogar lächerlich.

Lächerlich war auch der kriegerische Akt, der sich zwischen zwei europäischen Staaten denkbar weit abseits, mitten im Pazifik, ereignete; und die Tatsache, dass er an einem Ort stattfand, der als Inbegriff paradieshafter Friedfertigkeit gilt, macht ihn umso lächerlicher. Es geht um einen Treppenwitz der Geschichte.

Der Akt spielte in der achten Woche des Ersten Weltkriegs, dieser Urkatastrophe des 20. Jahrhunderts, der die halbe Welt in Brand setzte – und ein Städtchen in der Südsee, 16 000 Kilometer entfernt vom Massensterben der Franzosen und Deutschen an der Maas. Die Akteure waren ein französischer Offizier, ein deutscher Vizeadmiral, vier Schiffe und einige Kanonensalven.

Lieutenant Maurice Destremeau, gerade 39 Jahre alt, war der Garnisonschef in Papeete, der Hauptstadt Französisch-Polynesiens, in der in jenen Jahren kaum 5000 Einwohner ein friedliches, weltabgewandtes Leben als Bauern, Fischer und Koprahändler lebten. Die Tahitianer nannten Destremeau *tomana api*, „den Neuen"; er war Herr über 25 Soldaten, 20 Gendarmen und eine gewaltige Kohlehalde, die Papeete zu einer Bunkeretappe der Pazifikschifffahrt machte – zu wenig, um Destremeaus militärischen Ehrgeiz zu befriedigen, und wenig genug, ihn zum Opfer der tahitianischen Dösigkeit zu machen.

Am frühen Morgen des 22. September 1914 schien die Stunde gekommen, die die Tristesse des Lieutenant mit einem Schlag in Triumph verwandeln konnte. Seine Wache hatte am Horizont zwei fremde Kriegsschiffe gesichtet, die Kurs auf Papeete nahmen, wohl um Kohle zu bunkern.

Destremeau fühlte sich gewappnet für seinen Eintritt in den Weltkrieg. Schon zu dessen Beginn Anfang Juli hatte er mit dem hölzernen Kanonenboot „Zélée", einer 56 Meter langen Barkentine, die unter seinem Kommando stand, den deutschen Frachter „Walküre" beschlagnahmt, der auf dem nahen Inselchen Makatea Phosphat aufnahm. Ohne Befehl aus Paris hatte er das Schiff gezwungen, Papeete anzulaufen. Der deutsche Kapitän, der nichts vom Kriegsbeginn wusste, hielt das Ganze zunächst für einen Witz. Aber Destremeau war es Ernst.

Maxime Destremeau (1875–1915), Marineleutnant und Standortkommandant auf Tahiti, sollte wegen seines Handelns zunächst vor ein Kriegsgericht, wurde posthum aber rehabilitiert. Eine Straße in Papeete trägt noch heute seinen Namen

Wütend über den eitlen, ungleichen Krieg ihres Lieutenant, sahen die Einwohner Papeetes zu, wie die Deutschen mit wenigen Salven ihre kleine Stadt in Brand setzten

In den ersten Jahrzehnten des 20. Jahrhunderts war Papeete zwar Verwaltungszentrum der riesigen Kolonie Französisch-Polynesien, aber dennoch nur eine Kleinstadt. Die Zerstörungen durch die deutschen Geschützgranaten waren die größten in seiner langen Geschichte

Ebenso ernst hatte er, wiederum ohne Order aus Paris, befohlen, neun der zehn kleinen Geschütze der „Zélée" abzubauen und zu einer Landbatterie umzufunktionieren. Die Kriegsschiffe, von wem auch immer sie entsandt waren, konnten sich auf etwas gefasst machen.

Um sieben Uhr früh gab er Befehl, das Feuer auf die beiden Schiffe zu eröffnen. Vorsorglich ordnete er auch an, das Kohlelager am Hafen anzuzünden. Der Gegner sollte keinen Profit davon haben, Papeete anzulaufen. Die drei Salven, die Destremeau abfeuern ließ, um das Hissen der Flaggen zu erzwingen und die Einfahrt in den Hafen zu verhindern, schienen den Gegner nicht zu beeindrucken. Trocken zeigte dieser die deutsche Kriegsflagge und versenkte dann mit wenigen Schüssen aus ihren gewaltigen Geschütztürmen zuerst die „Zélée", danach die „Walküre". Niemand kam zu Schaden.

Destremeau hatte seinen Gegner unterschätzt. Es war kein Geringerer als Maximilian Graf von Spee, Befehlshaber des kaiserlichen Ostasiengeschwaders und Kommandant der Großkreuzer SMS „Scharnhorst" und SMS „Gneisenau", beide knapp 150 Meter lang und Kriegsschiffe modernster, mörderischster Bauart.

Als Japan im August 1914 in den Krieg eintrat, weil das Deutsche Reich Japans Forderung unbeantwortet ließ, die Kolonie Tsingtau zu räumen, die den Deutschen als wirtschaftliche und militärische Basis in China diente, und sich das britische Chinageschwader in der Nähe der Deutschen befand, beschloss Graf Spee, seine Schiffe nach Chile zu verlegen, um in dem befreundeten Land den Nachschub an kriegswichtigen Rohstoffen zu sichern. Und nun in Tahiti brauchten sie eben Kohle für die Kessel.

Der Lieutenant gab sich nicht geschlagen in seinem Kampf gegen den vermeintlichen Aggressor. Er ließ weiter auf die beiden Kreuzer feuern. Wütend über den eitlen,

Die „Zélée" im Hafen von Papeete. Der Segelkreuzer zum Transport von Kolonialbeamten wurde später zum Kanonenboot aufgerüstet, hatte aber dennoch nur geringen militärischen Wert

ungleichen Krieg ihres „Neuen", flohen die Einwohner Papeetes in die umliegenden Hügel und sahen zu, wie Graf Spee, genervt von der Provokation des Lieutenant, mit wenigen Salven die Landbatterien und zwei Straßenzüge zerstören ließ. Das Kopralager, den Markt und einige Residenzen der Kolonialherren fraßen die Flammen. Ein älterer Japaner starb auf seiner Flucht auf seinem Fahrrad, an einem Herzinfarkt, wie es hieß, und ein tahitianischer Junge wurde von einem Granatsplitter getötet.

Um elf Uhr, vier Stunden nach Destremeaus erstem Schuss, dampften die „Gneisenau" und die „Scharnhorst" davon, ohne Kohle und mit einem „reichlich verdatterten Vizeadmiral auf der Brücke", wie Berliner Kriegsberichterstatter später schrieben.

Zwei Tote und eine jahrelange Wirtschaftskrise durch den Zusammenbruch des Koprageschäfts, ausgelöst durch die Internierung der deutschen Käufer auf Tahiti, waren die Bilanz dieses lächerlichen kleinen Krieges.

Es nahm übrigens kein gutes Ende mit den beiden Kontrahenten. Destremeau wurde wegen des eigenmächtigen Handelns und des leichtfertigen Verlusts der „Zélée" arrestiert und vor ein Kriegsgericht ins französische Toulon gebracht. Noch vor Beginn des Prozesses starb er in der Haft an einer schweren Krankheit (und erhielt 1918 posthum das Kreuz der Ehrenlegion). Graf Spee fand seinen „richtigen" Krieg nur wenige Wochen später. Am 8. Dezember 1914 traf er bei den Falklandinseln auf ein britisches Geschwader. Vier deutsche Schiffe versenkten die Briten in der Seeschlacht, 2000 Männer starben, unter ihnen Graf Spee und seine beiden Söhne.

Karl Spurzem, geboren 1959, ist stellvertretender mare*-Chefredakteur. Die Geschichte des kleinen Krieges von Papeete erfuhr er aus der Zeitschrift „Tahiti Pacifique", deren einziger Abonnent in Deutschland er ist.*

NERINGA
ODER DIE ANDERE
ART DER
HEIMKEHR
Stefan Moster
Roman
mare
„Mit diesem Roman katapultiert sich Stefan Moster in die erste Reihe der deutschen Gegenwartsliteratur.“
Denis Scheck, *Deutschlandfunk*
288 Seiten, gebunden,
mit Schutzumschlag und Lesebändchen,
20 € [D],
ISBN 978-3-86648-245-6,
auch als eBook erhältlich.
mare
Foto Stefan Moster © Mathias Bothor / Photoselection

Hört das Meer

Vom Barock bis in unsere Gegenwart bildet die Musik das Meer tonmalerisch ab. Die Werke zahlreicher Komponisten erreichen uns oft unmittelbarer und kraftvoller als die der anderen Künste

Von Elke Seifert

Meer hören. Dieses gewaltige Rauschen an einem Sturmtag am Strand. Es erfüllt die Luft, übertönt die Kakophonie der Alltagsgedanken und bringt sie nach und nach zum Verstummen. Plötzlich eine Flöte hören, virtuose, rasende Tonfolgen im Wettlauf mit jagenden Streicherfiguren, hinauf und hinab, eine einzige ungeheure dramatische Steigerung: „La tempesta di mare", „Der Seesturm", von Antonio Vivaldi. Das Ungeordnete, nicht zu Bändigende des Naturereignisses hat der Venezianer in die musikalische Form eines Konzerts für Flöte, Streicher und Basso continuo gegossen.

Heulender Sturm, peitschende Regengüsse, tosende Wogen – die Affekte der Natur mimetisch abzubilden war das Ziel barocker Musikästhetik. In seiner „Wassermusik" von 1723, einer Instrumentalsuite aus zehn Tanzsätzen mit dem Untertitel „Hamburger Ebb' und Fluth", verkörpert der Komponist Georg Philipp Telemann die Stimmungsumschwünge des Meeres durch antike Meeresgötter und ahmt sie tonmalerisch nach.

Die schöne Meeresnymphe Thetis, eben aus dem Schlaf erwacht, räkelt sich lustvoll im Hamburger Hafen. Endlos lange Oboentöne malen das Bild der ruhigen See, sanft auf und ab wogende Blockflötengirlanden zeichnen die schlafende Thetis. Sie bleibt nicht lange allein; der verliebte Neptun gesellt sich zu ihr, begleitet von fröhlich spielenden Najaden. Auch Triton, Neptuns Sohn, scherzt mit den hübschen Meeresdamen. Plötzlich erscheint Äolus, der König der Winde, und mit schnellen Streicherrhythmen rollen in einem gewaltigen Crescendo Flut und Sturm heran. Doch der milde Zephir, Gott des Westwinds, besänftigt mit seinem Hauch Menschen, Götter und Natur. Ein fröhliches Menuett charakterisiert die nun beruhigte See, es herrscht Ebbe. Der letzte Satz zeigt mit einer volkstümlichen, tänzerischen Melodie „Die lustigen Bootsleute" bei einer fröhlichen Feier.

In zahlreichen Barockopern gibt es gewaltige Seesturmszenen, in denen sorgfältig ausgeklügelte Wind- und Donnermaschinen zusammen mit dem Orchester für spektakuläre Bühnenunwetter sorgen. Dramaturgisch bezeichnen sie oft den Wendepunkt der Handlung. Eines der schönsten Beispiele solchen Theaterdonners findet sich im vierten Akt der 1706 uraufgeführten Oper „Alcyone" des französischen Komponisten Marin Marais, Gambist und Komponist am Hof Ludwigs des XIV.

In Mozarts wildester Oper, „Idomeneo" von 1781, klingen der Sturmchor und das Erscheinen eines riesigen Seeungeheuers dank fortgeschrittener Instrumentierungsmöglichkeiten noch überwältigender. Entfesselte Naturgewalten wallen aus dem Orchestergraben herauf. Sie werden zur Metapher der Seelenzustände der Figuren, hier der Wut und Rache der Elettra.

In Bellinis romantischer Oper „Il Pirata" aus dem Jahr 1826 findet sich ebenfalls eine große Seesturmszene; Verdis „Otello" von 1887 beginnt direkt mit einem überwältigenden Sturmchor, in dem der Kampf eines Segelschiffs in einer schäumenden See geschildert wird; Wagners „Fliegender Holländer" ist durchzogen von herrlichsten musikalischen Seesturmdarstellungen.

Bis ins 18. Jahrhundert hinein wurde die Natur als undurchschaubare, übermächtige Kraft erlebt, der der Mensch schicksalhaft ausgeliefert war. Durch tief greifende gesellschaftliche und wirtschaftliche Umwälzungen in der zweiten Hälfte des 18. Jahrhunderts wandelte sich das Verhältnis des Menschen zur Natur grundlegend. Der Einzelne nimmt sich völlig verändert wahr als selbstständig denkendes, empfindendes und handelndes Subjekt. Das findet seinen Niederschlag in den Künsten. „Mehr Ausdruck der Empfindung als Malerei" ist das Motto in Beethovens sechster Sinfonie, in der Landschafts- und auch Sturmschilderungen musikalisch dargestellt werden. Diese befreiende Abkehr vom künstlerischen Mimesisideal bezeugt ein neues schöpferisches Selbstverständnis und eröffnet unendliche Möglichkeiten. Die Natur wird zunehmend zum symbolischen Gegenbild der Innerlichkeit.

„Tiefe Stille herrscht im Wasser, ohne Regung ruht das Meer, und bekümmert sieht der Schiffer glatte Fläche ringsumher." Zwei Gedichte von Johann Wolfgang von Goethe, „Meeres Stille" und „Glückliche Fahrt", inspirierten Beethoven in den Jahren 1814 und 1815 zu einer Kantate für vierstimmigen Chor und Orchester. Das Meer spiegelt die eigenen seelischen Empfindungen wider. Meisterhaft komponiert Beethoven zunächst die „ungeheuere Weite" aus, dann den Übergang von der den Schiffer ängstigenden Windstille zur auffrischenden Brise, die die Weiterfahrt und eine glückliche Heimkehr ermöglicht.

1828 schreibt Felix Mendelssohn-Bartholdy eine Ouvertüre mit demselben Titel. Hier wird eine ruhige, mit Jubel endende Seefahrt in Klangmalerei verwandelt. Das Glücksgefühl bei sicherer Ankunft im Hafen – wer, der länger auf einem Schiff gefahren ist, kennt es nicht? Nach einem Sturm auf See sind alle Sinne aufs Äußerste geschärft. Auch in Mendelssohns Hebriden-Ouvertüre und in seiner Schottischen Sinfonie braust und wogt es gewaltig!

Das Meer ist wie ein Kind, es spielt, es weiß nicht genau, was es tut … es hat eine Seele, es geht, es kommt, es verändert sich ständig", schrieb Claude Debussy. In den Jahren 1903 bis 1905 komponierte er sein bekanntestes Orchesterwerk „La mer" in drei sinfonischen Skizzen: „Von der Morgendämmerung bis zum Mittag auf dem Meer", „Spiel der Wellen" und „Zwiesprache zwischen Wind und Meer". Der erste Teil ge-

„Es kam mir vor, als würde ich eine Melodie hören, die alles übertraf, was ich kannte. Es ist eine strahlendere, prächtigere, poetischere Musik als alles mir Bekannte. Ich würde gerne begreifen, was genau es ist.“ Kent Nagano, Dirigent, über ein Surferlebnis

hört zu den großartigsten musikalischen Schilderungen dieses beglückenden Gefühls von wiederkehrender Wärme und Licht nach einer dunklen Nacht auf See, wenn die Sonne über den Horizont geht und ein neuer Tag beginnt.

Mit diesem Werk sprengte Debussy alle formalen Zwänge der klassischen Symphonieform. Magisch schwebende Klangwelten in offener Form, die unendlich auf und ab wogen, flimmern und flirren und schildern den Eindruck, den das freie, unbezähmbare Meer zu verschiedenen Zeiten hinterlässt. „Tausend unbestimmte Wunder der Natur haben endlich ihren Übersetzer gefunden“, sagte der Künstler Jean Cocteau über Debussy.

Die Bewegungen des Meeres, seine ruhige Bedrohlichkeit, seine ungestüme Leidenschaft wie seine flüchtige Unfassbarkeit in Klang und Rhythmus übertragen, das konnte Debussy wie kein anderer. Er wollte einst Seemann werden. „La mer“ schrieb er fern der See im Burgund, aus „unzähligen Erinnerungen“ und inneren Bildern heraus. Nur die schillernde Instrumentierung – das Werk war zunächst nur für Klavier gedacht – entstand auf der Kanalinsel Jersey.

Muss man das Meer gesehen und erlebt haben, um es angemessen in Musik zu verwandeln? Es sind Komponisten aus Seefahrernationen wie England und Frankreich, die die überzeugendsten Meereskompositionen geschaffen haben. Benjamin Britten, an der englischen Ostküste aufgewachsen, war besonders hellhörig für den Klang des Meeres. Seine „Four Sea Interludes“, Orchesterzwischenspiele seiner 1945 uraufgeführten Oper „Peter Grimes“, gehören zu den faszinierendsten Meeresschilderungen der klassischen Musik. Mit steigernder Intensität spiegeln sie die psychische Spannung zwischen den einzelnen Figuren wider, die schließlich zur Ausgrenzung und zum Tod führt. Die imposante „Sea Symphony“ seines Landsmanns Ralph Vaughan Williams ist eine grandiose Huldigung an die See in Form einer Kantate in vier Sätzen für Sopran und Bariton, Chor und Orchester, entstanden von 1903 bis 1909 zu Texten des amerikanischen Dichters Walt Whitman. Sie enthält auch volksliedhafte Passagen, mit denen der Komponist ein breiteres Publikum erreichen wollte.

Die See zieht an. *„I must go down to the seas again, for the call of the running tide is a wild call and a clear call that may not be denied“*, heißt es in dem Lied „Sea Fever“ von John Ireland aus dem Jahr 1915 (Text von John Masefield). Es erzeugt einen Sog, dem man sich nicht entziehen kann. Zahllose klassische Lieder aus den verschiedensten Epochen besingen das Meer. Im 19. Jahrhundert, dem Jahrhundert der Lyrik, entstanden die schönsten Vertonungen, wahre Schätze. Schubert schuf etliche Lieder zum Thema Wasser. Schumann schrieb unter anderem „Die Meerfee“ und „Abends am Strande“. Von Brahms gibt es das herrliche Duett „Die Meere“, von Hugo Wolf „Die Nixe Binsefuß“, von Carl Loewe „Der Nöck“. Die skandinavischen Komponisten, vom Meer umgeben, schrieben wunderbare Lieder, Grieg, Alfvén, Nystroem, Nordquist, de Frumerie. Von den französischen Komponisten seien pars pro toto Fauré und Bizet genannt, „La douce mer“ von Bizet ist eine äußerst empfindsame Lamartine-Vertonung. Der Engländer Edward Elgar komponierte 1899 die „Sea Pictures“, fünf Lieder für Mezzosopran und Orchester, nach Texten verschiedener Dichter.

Die Musik stellt im Vergleich zur Sprache das ästhetisch stärkere Medium dar. Sie wirkt unmittelbarer, erreicht tiefere Bewusstseinsschichten und kann die Größe der Urkraft Meer in all ihren Facetten auf sinnlichste Art und Weise schildern. Es gelingt ihr, die Kraft der lyrischen Texte noch zu verstärken.

Der kalifornische Dirigent Kent Nagano, ein begeisterter Surfer, schildert in mare No. 100 sein Erlebnis beim Surfen einer besonders hohen Welle. „In diesem Moment kam es mir vor, als würde ich eine Melodie hören, die alles übertraf, was ich kannte. Es ist eine strahlendere, prächtigere, poetischere Musik als alles mir Bekannte. Ich würde gerne begreifen, was genau es ist.“

Es ist wohl ein besonderes Geschenk, diese Musik hören zu dürfen. Die Maori sagen, man muss sehr lange und in vollkommener Absichtslosigkeit an einem Ort in der Natur verweilen, um dessen einzigartige Musik wirklich wahrzunehmen. Der akustische Eindruck, den das Meer bietet, regt zur musikalischen Umwandlung an. Den Klang der See hören lernen, das haben viele Komponisten versucht. Das Meer selbst klingt, schwingt, singt, hat seinen Rhythmus. Meer und Musik – in ihrem innersten Wesen sind sie verwandt. Sie fließen und wandeln sich stetig.

Nach dem Studium der Romanistik und Germanistik machte Elke Seifert eine klassische Gesangsausbildung. Sie ist vielseitig tätig als Sängerin, Übersetzerin, Autorin, Rezensentin und betreut die Klassik- und Kunstabteilung einer Buchhandlung in Freiburg. „Im dichten Nebel auf einem Segelschiff vor der französischen Küste plötzlich innerlich Musik hören und gegen den Schrecken ansingen – Meer und Musik, da verbanden sie sich in mir.“

Das Rätsel von Position 157/337

Amelia Earhart war ein Star in den USA. Abenteurerin und Feministin, Rollenmodell der selbstbewussten Frau der späten 1920er- und 1930er-Jahre, die erste Frau, die über den Atlantik flog, der erste Mensch, der den Pazifik im Flugzeug überquerte. Im Juli 1937 verschwand sie über der Südsee. Ihr letzter Funkspruch: „Wir müssen über euch sein, können euch aber nicht sehen. Treibstoff ist knapp ... Wir fliegen Nord-Süd"

Von Holger Kreitling

AUF EINMAL WAREN SIE WEG. DAS FLUGZEUG, DIE zweimotorige Lockheed Electra, die weltberühmte Pilotin Amelia Earhart und ihr Navigator Fred Noonan. 2. Juli 1937, morgens. Es gab keine Verbindung mehr.

Die vorletzte gesicherte Nachricht, die überliefert ist, lautete: „Wir müssen über euch sein, können euch aber nicht sehen. Treibstoff ist knapp. Flughöhe 350 Meter. Können euch über Funk nicht erreichen.“ Der letzte Funkspruch: „Wir sind auf der Positionslinie 157/337. Wir fliegen Nord–Süd.“ Dann kam aus dem Funkgerät nur Krächzen. 8.43 Uhr Ortszeit.

Auf dem Meer bei der Howlandinsel wartete die „Itasca“, ein Patrouillenboot der US-Küstenwache, wie verabredet auf Nachrichten Earharts. Funkpeilung sollte es der Electra ermöglichen, die Howlandinsel zu finden, ein winziges Eiland im Pazifik, nahe am Äquator, 3000 Kilometer von Hawaii und 4200 Kilometer von Neuguinea entfernt. Von dort waren Earhart und Noonan losgeflogen über das schier endlose Meer, es sollten die letzten Etappen bei der Umrundung der Welt per Flugzeug sein, zu der sie einen Monat vorher von Miami aus Richtung Osten aufgebrochen waren. 38 000 Kilometer hatte die Electra hinter sich.

Die Howlandinsel ist nicht einmal zwei Quadratkilometer groß, bietet aber gute Landebedingungen. Ein Empfangskomitee stand bereit, Betten ebenfalls. Der Himmel war bewölkt, die Sicht schlecht. Die Funker der „Itasca“ konnten Earhart hören. Das Schiff sendete Rauchsignale. Vergebens.

Es gibt viele Theorien, was an diesem Tag alles schiefgegangen ist. Wahrscheinlich war die Lage der Insel in den Karten falsch, die gemeldete Position des Flugzeugs ebenfalls. Womöglich nutzten der Navigator Noonan und die Funker der „Itasca“ unterschiedliche Zeiten. Sicher ist, dass die Funksysteme nicht aufeinander abgestimmt waren. „Wir fliegen Nord–Süd.“ Damit begann eine Suche, die bis heute anhält. Irgendwo im Meer ist die Electra, irgendwo sind Earhart und Noonan abgestürzt oder gelandet. Vielleicht auch auf Land.

Die „Itasca“ war das erste Schiff, das sich aufmachte, etwa eine Stunde nach dem letzten Funkspruch. Das erste Ziel war die Linie 157/337. Die „Itasca“ suchte von dort in nordöstlicher Richtung, weitete das Feld dann aus. Denn der Funk auf Earharts Sendefrequenz 6210 Kilohertz blieb nicht ganz stumm. In den folgenden Tagen kamen immer wieder Notfunksprüche durch. Die „New York Times“ konnte schon am 3. Juli berichten, dass zwei Amateurfunker in Los Angeles schwache Signale empfangen hatten. Allerdings ist ganz unklar, ob es tatsächlich Earhart oder Noonan waren, die funkten. Weil Funker immer wieder versuchten, die Verschollenen zu erreichen, kam es zu Konfusionen – und damit zu mehr Zweifeln.

Amelia Earhart war ein Star in den USA, „Queen of the Air“. Eine Abenteurerin und Feministin, Rollenmodell der selbstbewussten Frau der späten 1920er- und 1930er-Jahre. Geboren wurde sie 1897 in Kansas, schon als Kind war Amelia burschikos. Ihr Vater war Alkoholiker, die meiste Zeit verbrachte sie bei der Großmutter. Während des Ersten Weltkriegs betreute sie als Krankenschwester in Toronto Soldaten, ein Medizinstudium in New York brach sie bald ab. 1920 dann der erste Flug als Passagierin, zehn Minuten lang und etwa 90 Meter hoch. Danach wollte sie unbedingt Pilotin werden. Trotz aller Widerstände und der

Oben: Pilotin Amelia Earhart und Navigator Fred Noonan mit einer Karte des Pazifiks, auf der die Route ihres letzten Fluges eingetragen ist

Unten: Nach Earharts Alleinflug von Hawaii nach Kalifornien im Jahr 1935 – die erste Alleinüberquerung des Pazifiks – wird sie von den Massen stürmisch empfangen

der Weigerung der Eltern, einen Pilotenschein zu finanzieren, setzte sie sich durch. Im Oktober 1922 stellte sie mit ihrer gelben Kinner Airster, genannt „Der Kanarienvogel", bereits einen Höhenrekord auf. Nie zuvor war eine Pilotin 4300 Meter hoch geflogen.

1928 flog Earhart als Begleiterin eines Piloten über den Atlantik und hielt anschließend umjubelte Vorträge. Ihr Leben lang variierte sie Sätze wie diesen: „Frauen müssen Dinge genauso versuchen, wie es Männer getan haben." Man dürfe sich nicht mit Hinweis auf das weibliche Geschlecht vor einer Herausforderung drücken. Darin lag ihre Kraft, und alles andere musste sich diesem unermüdlichen Eifer unterordnen, auch der Ehemann, der New Yorker Verleger George Putnam, den sie 1931 nur halb überzeugt heiratete. Kinder waren nicht geplant.

Ein halbes Jahr nach der Hochzeit, am 20. Mai 1932, startete Amelia Earhart morgens von Neufundland aus Richtung Osten nach Europa. Sie nahm eine aktuelle Zeitung mit, um ihr Abflugdatum beweisen zu können. Die Lockheed Vega 5B war eine einmotorige Maschine. Es kam zu mechanischen Problemen, die Luft war eisig, nach 14 Stunden und 56 Minuten musste Earhart statt in Paris in Derry, Irland, landen. Ein Landarbeiter fragte, woher sie geflogen sei. Earharts Antwort: „From America." ➢

17. März 1937. Earhart mit ihrer Crew in Oakland: ihr Freund und Berater Paul Mantz, Navigator Fred Noonan und Funker Harry Manning. Die Weltumrundung versuchte sie erst in westlicher Richtung, wobei sie scheiterte, als sie auf Hawaii einen Startunfall hinlegte. Im Mai probierte sie es erneut, diesmal ostwärts

Diese zweite Atlantiküberquerung machte Earhart endgültig zur gefeierten Ikone. Sie erhielt Auszeichnungen, machte Werbung für Koffer und für Lucky Strike. Mehrfach wurde die Pilotin ins Weiße Haus eingeladen, und sie freundete sich mit Eleanor Roosevelt an, der First Lady seit 1933. Die beiden Frauen schrieben sich oft; einmal flog Earhart sogar mit Roosevelt nachts über Washington. Auch deshalb schaltete sich Präsident Franklin D. Roosevelt sofort ein, als Earhart im Juli 1937 verschwunden war. Man sollte sie finden.

Es waren schließlich acht Kriegsschiffe und 64 Flugzeuge um die Howlandinsel unterwegs. Man suchte praktisch nach einem Glas mit Süßwasser im Ozean, auf Sicht, ohne große technische Hilfe. 500 Kilometer südöstlich von Howland überflogen Piloten nach einer Woche die unbewohnte Gardnerinsel. Sie entdeckten Anzeichen für ein Biwak und meldeten es. Die Hinweise gingen im Wust des Materials unter. In den folgenden Tagen wurden mehr als 400 000 Quadratkilometer abgesucht, die Kosten lagen nach gut zwei Wochen bei vier Millionen Dollar (heute mindestens 60 Millionen Dollar). Am 19. Juli brach die Marine die, wie sie es nannte, „Jagd“ ab.

Wieder zwei Wochen später, Ende Juli 1937, schickte Earharts Ehemann private Schiffe los, die die nahe liegenden Inseln absuchten, die Gilbertinseln, die Phoenixinseln, die Linieninseln und andere. Keine Electra, keine Earhart, kein Noonan. Nach einer Eingabe Putnams vor Gericht wurde Amelia Earhart vor Ablauf üblicher Fristen am 5. Januar 1939 für tot erklärt. Im gleichen Jahr nahm der jodelnde Cowboy „Red River Dave“ McEnery den ersten Song über sie auf, „Amelia Earhart's Last Flight“. Der wachsende Ruhm der Verschwundenen, die mythische Verklärung der Frau in Artikeln, Filmen, Büchern beflügelten die immer neuen Suchen.

Um Theorien aufzustellen, zu verwerfen, all dies zu unterstützen oder zu widerlegen, weitete sich die Suche in Archive aus. Interviews mit Zeugen, falschen und echten, wurden geführt, beinahe jedes abgestürzte Flugzeug im Umkreis von Tausenden Kilometern als die Electra zu identifizieren versucht. Die Funksprüche, echte und unbestätigte, wurden immer wieder neu ausgewertet, interpretiert, nachvollzogen. Manche Forscher suchten Jahrzehnte nach Antworten.

Die meisten Experten kamen zu dem Schluss, dass Earhart und Noonan schlicht ins Meer gestürzt waren. 1967 wurde der Flug von Ann Pellegreno mit einer Electra wiederholt. Ihr Navigator glaubte, Fred Noonan habe sich ver-

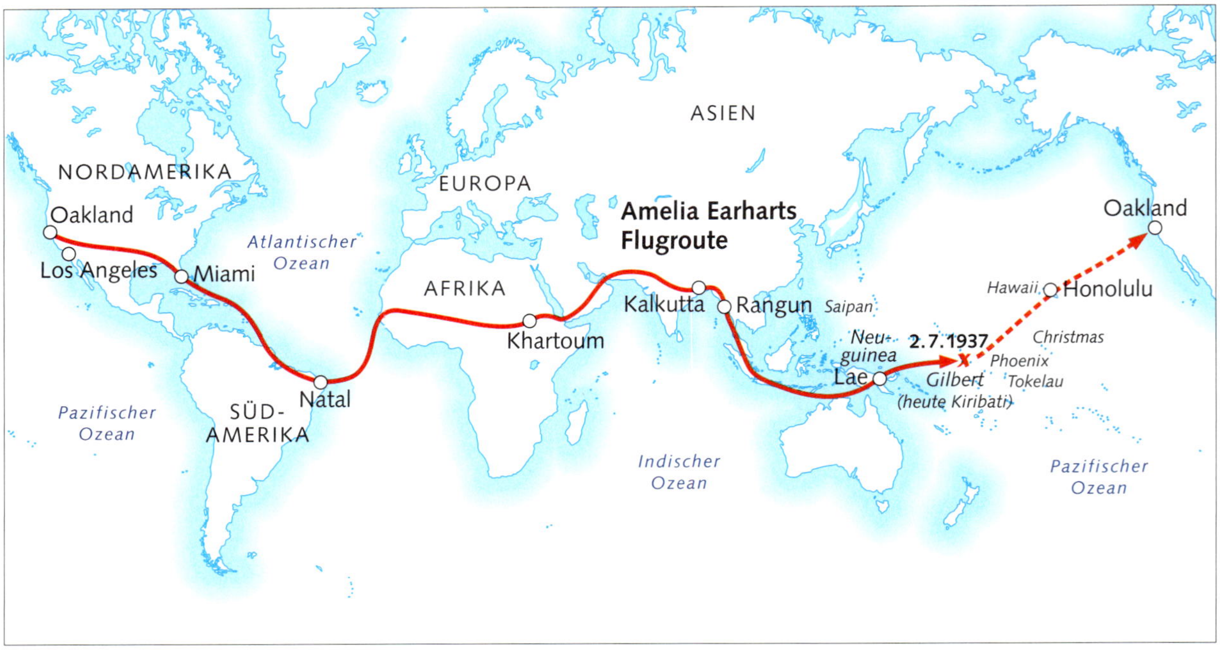

rechnet. Konteradmiral Richard R. Black, der 1937 auf der „Itasca" war, erklärte 1982: „Die Electra ging runter um zehn Uhr morgens, 2. Juli 1937, nicht weit von Howland." Eine von Earharts Biografinnen glaubt, das Flugzeug liege in 6000 Meter Tiefe, andere sagen, sie liegt in 5000 oder 6500 Meter Tiefe, jedenfalls tiefer als die „Titanic".

Während des Zweiten Weltkriegs und noch danach entstanden abenteuerlichste Verschwörungstheorien. So soll Earhart in Wahrheit eine Spionin gewesen sein, die im Auftrag Roosevelts den Pazifik beobachten sollte. Japaner hätten sie umgebracht oder nach Japan verschleppt und dort hingerichtet. Earharts Mutter erklärte 1949, sie sei sicher, dass ihre Tochter auf einem der winzigen Atolle gelandet sei, dort von japanischen Fischern gefunden und auf die Marshallinseln gebracht wurde. Auch die berüchtigte japanische Kriegspropagandistin „Tokyo Rose" soll in Wahrheit Amelia Earhart gewesen sein.

Ein Bestseller von 1966 behauptete, Earhart und Noonan seien nach Saipan geflogen, das zu den Marianen gehört. Andere Autoren überlegten, ob die Electra umgekehrt und zurück nach Neuguinea geflogen war. Oder sie präsentierten Beweise, dass Earhart den Krieg überlebt hatte oder heimlich in die USA zurückgekehrt war, um unter dem Namen Irene Bolam bei New York zu leben. 1970 erschien das Buch „Amelia Earhart lebt", und bald klagte Irene Bolam dagegen. Sie gewann.

Mit dem Fortschritt der Technik wurde auch unter Wasser gefahndet. Der amerikanische Unterwasserbergungsexperte David Jourdan suchte nordwestlich der Howlandinsel. 2002 und 2006 kreuzten seine Tiefseeboote mit Sonargeräten über den Grund. Kein Fund.

1988 begann eine Serie von Expeditionen, die eine alte Spur verfolgten. 1940 fand ein britischer Kolonialbeamter auf der Gardnerinsel ein Skelett dort, wo schon Flugzeugpiloten 1937 etwas bemerkt hatten. Die Knochen wurden nach Fidschi gebracht und als Überreste eines Mannes identifiziert. Sie gingen verloren. 1998 hieß es nach Fotoanalysen, es seien vermutlich doch Frauenknochen gewesen. Die Gardnerinsel heißt mittlerweile Nikumaroro und gehört zu Kiribati. Die Männer und Frauen der Internationalen Organisation zur Bergung historischer Flugzeuge (Tighar) sind überzeugt, dass die Electra dort gelandet ist. Nikumaroro ist 7,5 Kilometer lang, 2,5 Kilometer breit und liegt 500 Kilometer südöstlich von Howland. Eine Lagune mit einem Riff, neben dem das Wrack eines Frachtschiffs lag, wäre gut für eine Landung geeignet.

Diese Theorie ist derzeit die mit Abstand populärste. Hinweise gibt es viele, Beweise aber nicht. So wurden bei Grabungen zahlreiche Gegenstände gefunden, die Earhart gehört haben könnten: ein Damenschuh, Knöpfe, Blech-

Oben: Nach Stopps in Brasilien, Westafrika, Kalkutta und Rangun startete Earhart am 2. Juli 1937 in Neuguinea, um die letzte Hürde zu nehmen, den Pazifik

Unten: Empfang des Altrusa-Klubs 1933. Earhart in der Mitte, links daneben die Präsidentengattin Eleanor Roosevelt. Sie waren befreundet, schrieben sich oft

stücke, ein Taschenmesser, ein Tiegel mit Creme gegen Sommersprossen – Earhart hatte Sommersprossen und mochte sie nicht.

Ein Foto von 1937, das die Bucht und das Schiffswrack von Nikumaroro zeigt, wurde 2012 bekannt. Darauf ist ein dunkler Fleck zu sehen, den die Tighar-Forscher als Fahrwerk einer Electra deuten. Das Flugzeug könnte gesunken sein. 2012 suchte eine Expedition zum 75. Jahrestag des Verschwindens mithilfe von Multistrahlecholoten, Kameras und Unterwasserrobotern den Meeresboden ab. Sie fanden nichts. 2013 wurde bei der Auswertung der Sonarbilder eine Anomalie entdeckt, in 190 Meter Tiefe am Ende eines Abhangs, etwa zehn Meter lang. Es könnte der Electra-Rumpf sein, heißt es nun. Es könnte natürlich auch etwas ganz anderes sein.

Tighar sammelte seit 2014 Gelder für eine neue Expedition. Sie trug den Namen „Niku VIII". Im Juni 2015 startet ein Boot von Fidschi aus, und 14 Frauen und Männer suchten zwei Wochen lang auf Nikumaroro und am Riff, um die Anomalie zu klären. Aber der Unterwasserroboter funktionierte nicht, das Wetter war schwer, die Taucher fanden nichts. Als die Gruppe abreiste, trafen die allerersten Touristen von einem Kreuzfahrtschiff auf der Insel ein, 61 Earhart-Fans blieben vier Tage. ➢

Unten: Earhart 1928 vor ihrer Atlantiküberquerung. Als sie ihr erstes Flugzeug sah, war sie noch unbeeindruckt: „Ein Ding aus Draht und Holz, nicht wirklich interessant"

Im Abschlussbericht zu „Niku VIII" werden Fragen gestellt, ob sie etwas gefunden oder erreicht haben. Die Antwort lautet: nein. Vermutlich aber werden die Tighar-Leute nicht aufgeben und „Niku IX" starten. Sie sind überzeugt. Sie suchen. Es ist noch immer die Idee, ein nun historisches Glas mit Süßwasser im Ozean zu finden.

Ist das Verschwinden vielleicht ein Mysterium, wie es genannt wird, also mit Sinn und Widersinn belegt? Niemand weiß es. Vermutlich nicht. Das Meer ist weit. Die Howlandinsel, auf der die Electra mit den beiden Piloten landen sollte, ist heute unbewohnt und gesperrt. Alle zwei Jahre kommt eine US-Behörde zur Kontrolle, ein paar Mal waren Amateurfunker mit Sondergenehmigung da. In der Mitte der Insel steht seit 1938 ein Signalturm, der Amelia Earhart gewidmet ist. Im Zweiten Weltkrieg zerstörten ihn die Japaner halb, US-Matrosen bauten ihn Anfang der 1960er-Jahre wieder auf.

Er wird nicht instand gehalten. Er sendet kein Licht mehr.

Der Autor ist Redakteur der Berliner Tageszeitung „Die Welt". Bei der Suche nach Material kam ihm der alte Traum in den Sinn, einmal von Papua oder Australien aus Richtung Osten zu fahren: der weiteste Weg übers Meer, der sich von Westen aus denken lässt.

Jan hat den Dreh raus

Wer sich zum Strandrestaurant „Aan Zee“ in Oostvoorne begibt, den erwartet eine Überraschung. Dort entspricht nichts den Erwartungen. Nicht der Ort, nicht das Gebäude, nicht die Karte

Text: Anneke Bokern Fotos: Jan Luijk

Strandbuden säumen die gesamte niederländische Küste. Es gibt eigentlich nur zwei Varianten: unprätentiöse Strandkneipen, in denen Pommes frites mit dicker Erdnusssauce und Heineken serviert werden, oder Lounge-Bars, vor denen sich Holländerinnen im Bikini mit einem Glas Rosé in der Sonne räkeln und Minifrühlingsrollen knabbern. Beide Varianten hausen unweigerlich in mobilen Containerbauten, die mit dem Rücken zur Düne stehen. Wichtigstes Utensil ist die Friteuse.

Wenn man sich mit dieser Vorkenntnis gewappnet zum Strandrestaurant „Aan Zee“ begibt, erwartet einen eine Überraschung.

Die Insel Voorne liegt 45 Kilometer westlich von Rotterdam am Südufer der Maasmündung. Als vor einigen Jahren an der Westspitze der Insel ein Grundstück für den Bau eines Strandpavillons verfügbar wurde, griff der gebürtige Oostvoorner Jan van Marion zu. „Wir wollten kein normales Strandrestaurant eröffnen“, sagt er. „Also haben wir uns für Nachhaltigkeit entschieden“, sagt er mit dem typisch niederländischen geschäftstüchtigen Lächeln. So entstand ein Bau in Gestalt eines hölzernen Schneckenhauses, das sich aus den sanddornbewachsenen Dünen im Naturschutzgebiet Slikken van Voorne windet.

Mindestens ebenso ungewöhnlich wie die Form des Gebäudes ist jedoch der Ort, an dem es steht. Anstelle eines kilometerlangen Nordseestrands mit leerem Horizont gibt es hier ein Naturschutzgebiet vor Schwerindustriekulisse. Diesseits des Wassers einsame Dünenlandschaft, jenseits des Wasses gigantische Kräne, Tanks und Containerfrachter – denn dort befinden sich die Hafenanlagen der Maasvlakte, der jüngsten Erweiterung des Hafens von Rotterdam.

Wie so oft in Holland erweist sich bei genauerem Hinsehen sogar das Naturidyll als menschengemacht, denn das Gebiet der Slikken van Voorne ist erst durch die Anlage der Hafenerweiterung Maasvlakte in den 1960er-Jahren entstanden. Als das künstliche Hafengebiet in der Maasmündung geschaffen wurde, veränderte sich die Gezeitenwirkung, und so entstanden am Südufer Dünen, Sandbänke und Priele, die es dort zuvor nie gegeben hatte. 2013 wurde die zweite Maasvlakte eröffnet, die den Hafen noch weiter in die Nordsee trieb. „Klar, die Aussicht ist eher ungewöhnlich für ein Strandrestaurant“, gibt van Marion zu. „Aber sie hat auch ihre Vorteile: In anderen Strandpavillons schaut man nach Sonnenuntergang ins schwarze Nichts. Bei uns eröffnet sich ein industrielles Lichtpanorama.“

Von außen kann man das Dach des Restaurants besteigen und findet sich auf dem Aussichtsturm wieder, von wo aus man die Windturbinen und Sonnenkollektoren sieht, die „Aan Zee“ mit Energie versorgen, sowie das Heliophytenfeld, das als natürliche Kläranlage dient. Größtes Zugeständnis an die Nachhaltigkeit dürfte aber sein, dass es in der Küche von „Aan Zee“ keine Friteuse gibt. Die beiden Chefköche kochen auf einem riesigen, aus Österreich importierten Holzofen und grillen über Eichenholz. „Schnelle Snacks gibt es bei uns nicht“, sagt van Marion.

Stattdessen machen sich Sminia und Zwaartman jeden zweiten Tag in den Dünen auf die Suche nach Wildgemüse und Kräutern. Das alles wird kombiniert mit Produkten aus der Umgebung: Wurst aus Rockanje, Ziegenkäse aus Ouddorp, Schinken vom Livarschwein oder Graupen aus Alkmaar. Hausgeräucherten Lachs gibt es auch: Der hängt in einer Luke im Aussichtsturm, direkt über dem Kamin.

Muss er nicht häufig Gäste enttäuschen, die in einem Strandrestaurant die üblichen Fleischkroketten und Pommes frites erwarten? „Das hält sich in Grenzen“, sagt van Marion. „An diesen Ort zieht es keine Menschenmassen, sondern eher Kenner.“ Das Hafenpanorama hat also eigentlich nur Vorteile.

Knurrhahn mit Krabbensauce und Graupen

Zutaten (für vier Personen)
1 Knurrhahn, getrockneter Queller, 3 Zweige Mauerpfeffer, 50 g Graupen, 10 junge Brennnesselblätter, 1 Zwiebel, 3 dl Weißwein, 2 dl Fischbouillon, 2 Handvoll gemischte Wildkräuter, 500 g Krabbenschalen, 5 Bärlauchblätter, 1 l Wasser, 2 dl Sahne, 200 g Tomatenmark, 20 g Fenchelsamen.

Zubereitung
Den Knurrhahn mit Olivenöl bestreichen und bei hoher Hitze grillen, bis die Haut knusprig wird. Mit Queller und Mauerpfeffer bestreuen und 8 Minuten bei 200 Grad im Ofen garen. Für die Graupen: Die Hälfte der gehackten Zwiebel anbraten, Graupen und Brennnesseln dazugeben, mit 1 dl Wein ablöschen. Bouillon dazugeben und 15 Minuten köcheln lassen. Für die Sauce: Die andere Hälfte der Zwiebel anbraten, Krabbenschalen, Fenchelsamen und Tomatenmark hinzufügen, mit dem restlichen Wein ablöschen. Wasser hineingeben und auf ein Viertel der Menge reduzieren, dann durch ein Sieb seihen. Sahne einrühren und einkochen lassen. Mit geschnittenem Bärlauch und Kräutern bestreuen.

Aan Zee
Strandweg 1, Oostvoorne, Niederlande;
Telefon +31 181 820 990.
Geöffnet Mi bis So von 10 bis 22 Uhr.

Eine runde Sache: das „Aan Zee" auf Hollands Insel Voorne. Seine Form scheint aus den Dünen und Wellen destilliert, erinnert aber auch ein wenig an die Kreiselbewegungen, mit denen sich Kitesurfer am nahen Strand immer wieder in den Himmel schrauben, ehe die Schwerkraft sie zurückholt

Welches Heft fehlt Ihnen noch?

Bestellen Sie einfach und schnell unter www.mare.de oder kontaktieren Sie uns per Telefon +49/(0)34206/65-135 oder per Fax +49/(0)34206/65-1739.

Mehr im **mare**shop

In unserem mareshop unter www.mare.de finden Sie nicht nur sämtliche mare-Hefte, -Bücher, -Kalender und -Bildbände, sondern auch passende Schuber, unsere beliebten Badetücher und viele weitere Produkte. Und wenn Sie vergriffene Hefte suchen oder Platz in Ihrem mare-Regal schaffen wollen, dann schalten Sie doch eine Gratisanzeige in unserem Hafenbasar (bei „Fundstücke") und handeln dort mit gebrauchten Heften.

Zum Beispiel:
mare-Sammelbox
18 €/35,80 CHF

Alle Preise zuzüglich Versandkosten; in D pauschal 3,32 € (nach A 3,42 €, in die CH 6,50 CHF, weltweit 6,14 €). Die Versandkosten entfallen, wenn der Bestellwert den Betrag von 25 €/43 CHF überschreitet (gilt nur für D, A, CH). mare-Hefte sind, soweit nicht vergriffen, zum Preis von 7,50 €/14,80 CHF (ab No. 74: 8,50 €/16,50 CHF; ab No. 98: 9,50 €/16,50 CHF) erhältlich.

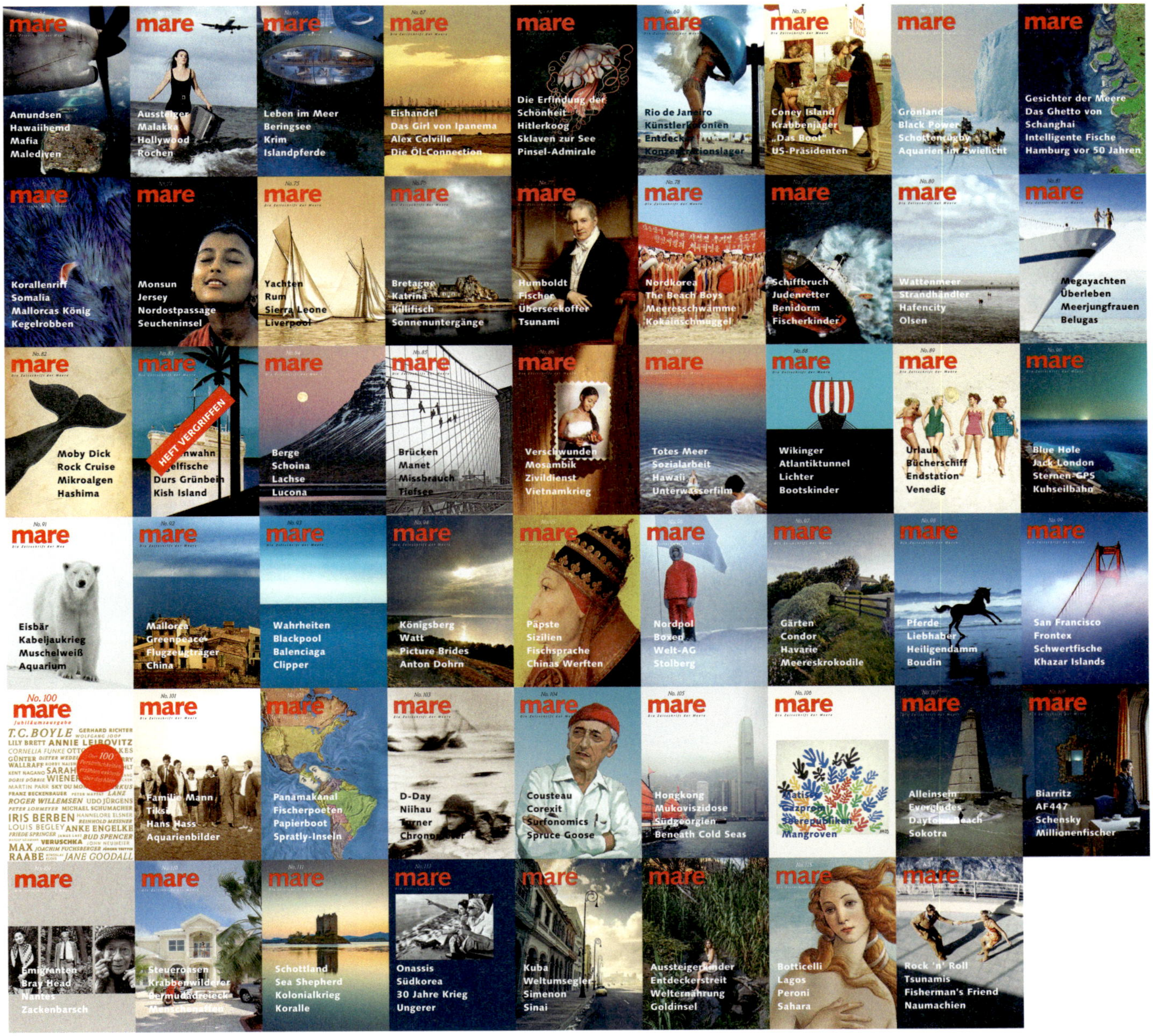

Die unterschätzte Welle

In Europa brauchen wir keine Angst vor Tsunamis zu haben? Weit gefehlt. Laut dem Deutschen Geoforschungszentrum ist das Mittelmeer das zweitgefährdetste Meer der Erde

Von Carina Braun

Am 1. November 1755 bebte in Lissabon die Erde. Minuten später wurde die Stadt von einem verheerenden Tsunami überrollt. Bis zu 100 000 Menschen starben

DER WIND STAND STILL AM Morgen des 1. November 1755, als in Lissabon die Erde bebte und den Glauben an einen gerechten Gott erschütterte. Der erste Stoß erfasste die Stadt um 9.40 Uhr. Er brachte Wohnhäuser und Paläste zum Einsturz und ließ die Kirchen kollabieren, die Tausende Gläubige unter sich begruben. Weil Allerheiligen war und überall Kerzen brannten, brachen in den Trümmern heftige Brände aus. Minuten später folgte der zweite Stoß. Die Menschen, die sich retten konnten, liefen zum Hafen, um Schutz zu suchen. Doch nicht einmal das Wasser war mehr da. Wo sich kurz zuvor noch der Tejo breit in den Atlantik wälzte, blickten die Flüchtenden nun auf vergessene Wracks und Strandgut. Der Fluss hatte sein Bett freigelegt.

Wie hoch die Welle war, die nur wenige Minuten später wie eine Wand am Horizont erschien, den Flusslauf entlangfegte und die Stadt überrollte, ist heute nicht mehr genau nachzuvollziehen. „Plötzlich erschien ein riesiger Körper aus Wasser, der sich wie ein Berg auftürmte", schrieb der Augenzeuge Charles Davy. „Er kam schäumend und brüllend und raste so ungestüm die Küste entlang, dass wir um unser Leben rannten. Viele wurden einfach weggeschwemmt, andere standen auch weit entfernt vom Ufer bis über die Hüfte im Wasser." Im Hafen, schreibt Davy, wurden Schiffe wie in einem Sturm umhergewirbelt. „Und alles ohne Wind, was das Unbegreiflichste an allem war."

30 000 bis 100 000 Menschen verloren an jenem 1. November in Lissabon ihr Leben, sie starben unter den Trümmern von Gebäuden, in einem Großbrand und in den Fluten eines Tsunamis, der nicht einmal so gnädig war, das Feuer vollständig zu löschen. Mit einer Höhe von fünf bis 15 Metern, schätzen Forscher, brach die Welle an die Küste. Vermutlich lag das Epizentrum des Bebens, das eine Stärke von etwa 8,5 erreichte, 200 Kilometer südwestlich von Lissabon, unweit

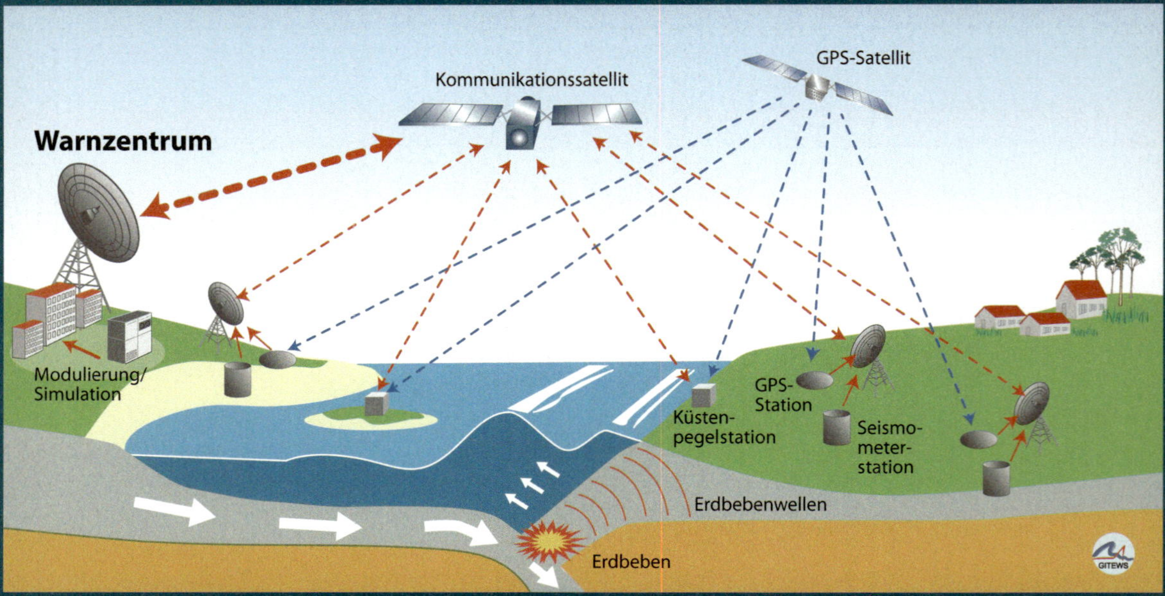

So funktioniert das 2008 in Betrieb gegangene Tsunamiwarnsystem im Indischen Ozean. Errichtet wurde es unter der Führung des Deutschen Geoforschungszentrums. In Europa gibt es bisher kein gemeinsames Warnsystem

der Stelle, wo die Eurasische und Afrikanische Platte aufeinandertreffen und ihre Bruchzonen unüberschaubar ausfransen.

Heute weiß man, dass es dort eine abrupte vertikale Bewegung unter Wasser gegeben haben muss. „Generell gehen wir von einem Subduktionsbeben aus", sagt Heidrun Kopp vom Geomar Helmholtz-Zentrum für Ozeanforschung in Kiel. In einer Subduktionszone schiebt sich eine ozeanische unter eine kontinentale Erdplatte, die Platten verhaken sich, über Jahrhunderte baut sich enorme Spannung auf – und löst sich in Sekunden. Die kontinentale Platte springt plötzlich nach oben. Der Ruck setzt eine Welle in Gang.

In Europa sind Tsunamis einer breiten Öffentlichkeit erst seit 2004 bekannt, als gigantische Wellen am Indischen Ozean rund 230 000 Einheimische und Touristen in den Tod rissen. Dass der Begriff Tsunami – auf deutsch „Hafenwelle" – aus dem Japanischen kommt, festigte rasch den Eindruck eines rein asiatischen Phänomens. „Aber auch in Europa sind solche Katastrophen möglich", sagt Jörn Lauterjung vom Deutschen Geoforschungszentrum (GFZ) in Potsdam. Der Tsunami von Lissabon war nur einer von vielen.

Im Jahr 1908 starben in Süditalien bis zu 100 000 Menschen, als nach Erdstößen vor Sizilien eine Woge die Städte Messina und Reggio Calabria überrollte. 1956 kamen in der Ägäis 53 Menschen in einem Tsunami um. Erst 2003 brandeten nach einem Erdstoß vor Algerien zwei Meter hohe Wellen abends an die Küsten Ibizas und Mallorcas, zerstörten Boote und hätten bei einem nur etwas stärkeren Beben tagsüber wohl Menschenleben gekostet. „Das Mittelmeer ist das zweitgefährdetste Meer der Erde", sagt Lauterjung. Nur im Pazifik, an dessen Rändern die Pazifische Platte im berüchtigten „Feuerring" abtaucht, gibt es mehr Tsunamis.

„Weltweit verursachen Erdbeben etwa 90 Prozent aller Tsunamis", sagt Lauterjung. „In Europa sind es bis zu 80 Prozent." Weitere mögliche Auslöser sind Vulkane, die ausbrechen oder deren Flanken ins Wasser stürzen, Meteoriteneinschläge und unterseeische Hangrutschungen wie vor 8000 Jahren vor Norwegen. Damals stürzte am „Storegga" genannten Kontinentalhang ein Stück Meeresboden von der Größe Islands in die Tiefe und schickte gewaltige Wellen an die nordeuropäischen Küsten, die bis zu 25 Meter hoch auf Land und Siedlungen trafen.

Ein Tsunami hat ungleich mehr Energie als gewöhnliche Wellen. Während der Wind nur die Oberfläche treibt, setzt sich hier die komplette Wassersäule in Bewegung; bis zu 800 Stundenkilometer schnell rast die Welle über den Ozean. Auf dem Meer ist sie lang und kaum spürbar, doch erreicht sie die abflachende Küste, türmt sie sich von hinten her auf und ergießt sich manchmal kilometerweit und minutenlang ins Land. Im Abstand von zehn Minuten bis zu über einer Stunde danach folgt die nächste Woge. Oft zieht sich das Wasser vor einem Tsunami zurück – dem Wellenberg geht ein Wellental voraus.

In Europa ist besonders das Mittelmeer mit seiner komplizierten Plattentektonik bedroht. Hier verläuft die Grenze zwischen Eurasischer und Afrikanischer Platte, dazu kommen die Ägäische, die Anatolische und die Apulische Platte. „Weil das Meer so eng ist, sind im Prinzip alle Küsten gefährdet", sagt Lauterjung. Hier würden die Wellen manchmal schon nach Minuten auf dicht besiedeltes Land treffen. Im Sommer kommen noch Hunderttausende Urlauber hinzu. In der Straße von Messina könnte sich jederzeit ein ähnliches Szenario ereignen wie 1908, und auch im direkt vor Istanbul gelegenen Marmarameer befürchten Forscher in den kommenden Jahren ein Beben.

Wenn die Welle sich an den Küsten zeigt, ist es bereits zu spät für eine Warnung. Aber man kann ein Beben schnell messen. Ab einer Magnitude von sieben gilt es als stark genug, um einen weitreichenden Tsunami auszulösen.

Jörn Behrens von der Universität Hamburg sitzt in seinem Büro und zeichnet eine komplizierte Gleichung mit Variablen auf ein Blatt Papier. Viele Faktoren beeinflussen die Welle: Wassertiefe, Bodenstruktur, Erdbebenparameter. Mit Flachwassergleichungen lässt sich das eigent-

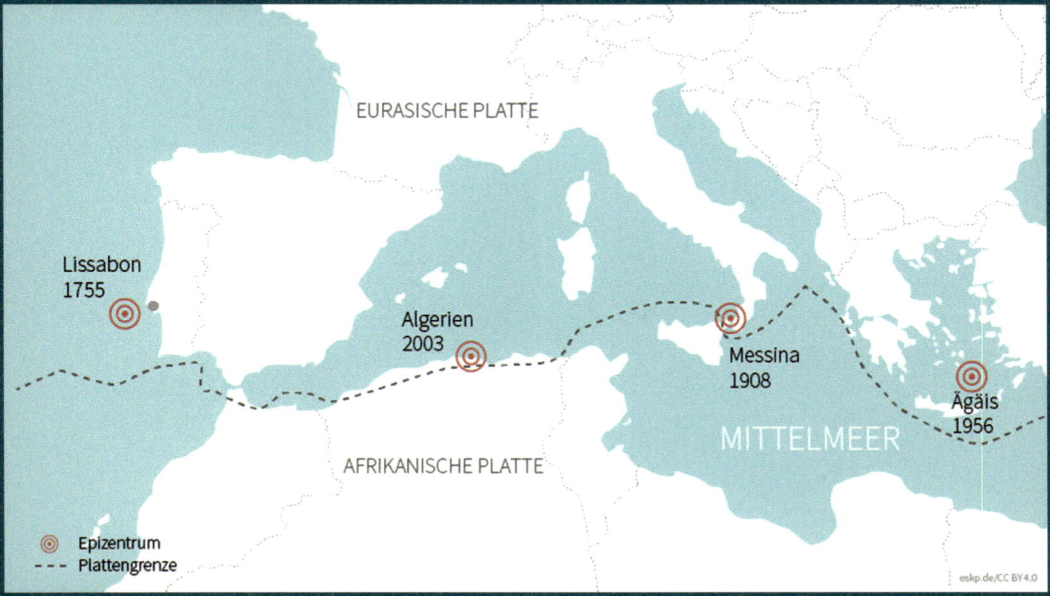

Vier Erdbeben in Europa, die die bislang schwersten Tsunamis auslösten. Alle Beben ereigneten sich entlang der Grenze der Eurasischen und der Afrikanischen Platte

lich Unvorhersehbare als mathematische Gesetzmäßigkeit beschreiben.

Mithilfe der Gleichungen können Forscher den Verlauf eines Tsunamis vorausberechnen. Je stärker das Beben, desto höher ist die Welle. Je tiefer das Wasser, desto schneller. Aber jede Bucht ist anders: mal flach, mal steil, mal Stein, mal Sand, manchmal bremsen auch Riffe die Wucht. „Die Beschaffenheit der Küste ist mitentscheidend für Auflaufhöhe und Zerstörungskraft", sagt Behrens. Der Mathematiker hat mit Computermodellen berechnet, wie und wo die Erde wie stark beben muss, damit eine Welle entsteht. Er hat berechnet, wie hoch sie dann voraussichtlich wird und wann sie wie stark auf welche Küste trifft. Tausende solcher Modellierungen hat er für den Indischen Ozean erstellt – ein Katalog, aus dem die Warnzentren in Sekundenschnelle das am ehesten passende Szenario ziehen können, um Maßnahmen zu ergreifen.

Der Tsunami von 2004 war ein Weckruf für die Anrainerstaaten der Meere. Im Jahr 2005 trafen sich, koordiniert von der Unesco, auch Vertreter der tsunamigefährdeten Staaten Europas. Ihr Ziel: ein Warnsystem fürs Mittelmeer, den Nordostatlantik und die angrenzenden Binnenmeere zu schaffen. Für den Indischen Ozean, den Pazifik und die Karibik existieren diese beckenweiten Warnsysteme inzwischen, in Japan hat es nach Ansicht der Wissenschaftler im Jahr 2011 Zehntausenden das Leben gerettet. Doch in Europa hapert es an der Zusammenarbeit. Portugal, Frankreich, Griechenland, die Türkei und Italien erstellen lieber eigene Szenarien und Modellierungskataloge. Zwar informieren sie bei Gefahr und haben gemeinsame Kommunikationstests durchgeführt, doch sie haben keinen Zugriff auf die Daten der anderen Länder. Im schlimmsten Fall würde ein Staat unterschiedliche oder sogar widersprüchliche Angaben erhalten. Schon bei der Erdbebenstärke können Messwerte schwanken.

Ziel der Wissenschaftler ist es nun, die Bevölkerung zu sensibilisieren. „In Europa wird die Gefahr deutlich unterschätzt", sagt Alexander Rudloff vom GFZ. Während Japan Mauern baut und Indonesien mit seinen *tsunami drills* regelmäßig den Ernstfall übt, gibt es in Europa nur vereinzelt örtliche Evakuierungspläne, etwa im sizilianischen Syrakus. Trockenübungen gibt es praktisch gar nicht. Vor allem in Deutschland, sagt Rudloff, werde trotz der vielen Mittelmeertouristen beim Thema Tsunami schnell abgewunken. „Wir müssen ein Bewusstsein dafür schaffen, dass auch in Europa Naturkatastrophen möglich sind – und keineswegs geringer Art."

An deutschen Küsten droht vergleichsweise wenig Gefahr. Erdbeben sind hier kaum zu befürchten, auch wenn es nie Gewissheit gibt. Aber eine zweite Hangrutschung vor dem norwegischen Festland oder vor Spitzbergen wäre möglich. „Der Kontinentalhang ist dort sehr steil und kann instabil werden", sagt Geomar-Forscherin Kopp. Bedroht wären vor allem die skandinavischen und schottischen Küsten. „In Deutschland hätten wir einige Stunden Vorwarnzeit."

Ein Tsunami kann jederzeit passieren oder nie. Es kann sein, dass vor Norwegen und Lissabon jahrtausendelang nichts mehr geschieht, aber bei einem Vulkanausbruch auf der Kanareninsel La Palma eine Flanke der brüchigen Cumbre Vieja abstürzt und sich eine verheerende Welle ihren Weg bahnt.

In Portugal hat man den 1. November nie vergessen. Kein anderes Naturereignis hat das europäische Gott- und Weltvertrauen so wanken lassen wie jene Katastrophe, die mitten in das Zeitalter der Aufklärung fiel. Historisch gesehen gab es in Europa fast in jedem Jahrhundert einen größeren Tsunami – 1755 Lissabon, 1908 Messina. „Tsunamis halten sich nicht an historische Regelmäßigkeiten", sagt Mathematiker Behrens. „Aber rein statistisch wäre es bald wieder soweit."

Carina Braun, Jahrgang 1981, arbeitet als Journalistin in Hamburg. Von europäischen Tsunamis erfuhr sie zum ersten Mal während eines Auslandssemesters in Lissabon. Kurz nach ihrer Recherche zum Artikel machte sie Urlaub in Messina – und suchte sich sicherheitshalber eine Unterkunft oben am Berg.

STEHAUFMÄNNCHEN

Unsere Vorfahren lernten den aufrechten Gang nicht in der trockenen Savanne, sondern im Meer – eine These, über die seit Jahrzehnten diskutiert wird, mal ernsthaft, mal weniger ernst. Das Auf und Ab der „Wasseraffentheorie" ist auch ein Lehrstück dafür, wie Wissenschaft funktioniert

Von Georg Rüschemeyer

DER REZENSENT DES HAMBURger Wochenblatts „Die Zeit" vom 31. März 1949 ist begeistert. „Die Grundlagen meiner Theorie vom Eigenweg des Menschen" des Berliner Professors Max Westenhöfer seien ein wahrhaft epochales Werk. Der Autor beantworte mithilfe eines ungeheuren Fundus zoologisch-anatomischen Vergleichsmaterials „bestfundiert" die Frage nach dem stammesgeschichtlichen Ursprung des Menschen. Die Kernthese Westenhöfers, Schüler von Rudolf Virchow und Direktor des Berliner Pathologischen Museums: Der Mensch stamme keineswegs von affenartigen Vorfahren ab. Vielmehr gehe er als primitives Säugetier direkt auf lurchartige Vorfahren zurück und habe deren amphibische Lebensweise erst in evolutionär jüngster Zeit abgelegt.

Westenhöfers damalige These liegt längst ad acta. Doch mit seiner Idee einer aquatilen Menschwerdung gilt Westenhöfer als frühester Vertreter der sogenannten Wasseraffentheorie, die außerhalb der Wissenschaft bis heute Anhänger findet.

Das verdankt sie weniger Westenhöfer, dessen Schriften kaum Nachwirkung hatten. Vermutlich unabhängig von ihm entwickelte der britische Meeresbiologe Alister Hardy seine eigene, eher auf darwinistischen Fundamenten ruhende Variante, die er erst 1960 im britischen Wissenschaftsmagazin „New Scientist" unter dem Titel „War der Mensch in der Vergangenheit aquatischer?" vorstellte.

Hardy schrieb: „Meine These ist, dass einige unserer frühen Vorfahren durch Konkurrenz gezwungen waren, statt auf Bäumen am Meeresufer und im Flachwasser der Küste nach Nahrung in Form von Schalentieren oder Seeigeln zu suchen. Ich stelle ihn mir im Wasser watend vor, zunächst noch gebeugt und fast auf allen Vieren im Wasser herumtastend und nach Schalentieren buddelnd. Dann sehe ich ihn nach und nach zu einem guten Schwimmer werden: ein aquatisches Tier, das sich immer weiter vom Ufer entfernt, nach Schalentieren taucht und Würmer, Krabben und Muscheln aus dem Sand am Grunde flacher Meere hervorholt, Seeigel knackt und mit wachsender Geschicklichkeit mit bloßen Händen Fische fängt."

Hardy vergleicht dieses Szenario mit dem evolutionären Weg von Meeressäugern wie Walen oder Seekühen, die tatsächlich ebenfalls von landlebenden Vorfahren abstammen. Wie weit die anatomische Anpassung an das nasse Element gegangen sei, lässt Hardy offen, ebenso die Frage, warum seine Wasseraffen nach ein paar Millionen Jahren das Wasser wieder verließen, um als mittlerweile aufrecht gehende Frühmenschen das Land zu erobern.

Makaken an einem Strand der thailändischen Inselgruppe Ko Phi Phi

Für seine Theorie liefert Hardy nur indirekte Indizien. Unsere Fähigkeit zu schwimmen, eine vermeintlich angeborene Liebe zum Wasser, unsere wie bei Walen nackte, durch Unterhautfettgewebe isolierte Haut oder der stromlinienförmige Verlauf unserer verbliebenen Behaarung sind demnach evolutionäre Überbleibsel des Wasserlebens. „Meine These ist natürlich reine Spekulation. Eine Hypothese, die an weiterem Beweismaterial getestet werden muss", gibt Hardy zu.

Unter Frühmenschenforschern stieß sie auf wenig Begeisterung und wäre wohl in Vergessenheit geraten, hätte sie nicht mit der britischen Schriftstellerin Elaine Morgan (1920–2013) eine eloquente Fürsprecherin gefunden. Morgan suchte nach einer Alternative zum damals vorherrschenden Szenario einer Menschwerdung in der Savanne, in dem der aufrecht durchs hohe Gras schleichende Mann die Rolle des Jägers und die Frau die der sorgenden Mutter einnimmt. Dieses Geschlechterbild behagte der Feministin Morgan nicht. Mit Hardys Wasseraffen glaubte sie, eine plausiblere und gleichzeitig gleichberechtigtere Theorie gefunden zu haben. Ab 1972 propagierte sie in Bestsellern wie „The Descent of Woman" ihre eigene Fassung der Wasseraffentheorie, der sie bis zu ihrem Tod treu blieb.

Auch moderne Wasseraffentheoretiker gehen davon aus, dass sich bestimmte Merkmale des Menschen am besten als Erbe einer Evolutionsphase im Meer oder Süßwasser erklären lassen. Neben Hardys Indizien führen sie dafür die bei menschlichen Föten zwischen den Fingern zu findenden „Schwimmhäute", den bei Neugeborenen ausgeprägten Tauchreflex oder unsere Abhängigkeit von Spurenelementen und essenziellen Fettsäuren aus Meeresfrüchten an.

Dass die Wasseraffentheorie unter Wissenschaftlern aus relevanten Fachgebieten so gut wie keine Anhänger gefunden hat, dürfte allerdings kaum mit einer Verschwörung des wissenschaftlichen Establishments zu tun haben, auch wenn sich ihre Anhänger gern in der Nachfolge von lange zu Unrecht verfemten Forschern wie Alfred Wegener sehen, dessen Theorie der Kontinentalverschiebung erst lange nach seinem Tod anerkannt wurde.

Unterzieht man die Wasseraffentheorie einer genaueren Prüfung, so bleibt nicht viel übrig. So sind weder alle Meeressäuger nackt, noch sind alle nackten Säuger Meeresbewohner, was einen Zusammenhang von Behaarung und Wasserleben weniger zwingend erscheinen lässt. Der Tauchreflex ist auch bei Landratten und anderen Säugern verbreitet, das Gleiche gilt für fötale Schwimmhäute und den speziellen Verlauf des Haarstrichs. ➢

Vor allem aber gibt es keine Fossilien, die eine spezielle Anpassung der Vorfahren des *Homo sapiens* an den Lebensraum Wasser stichhaltig belegen. Dabei bestreitet der Forschungsmainstream keineswegs, dass Wasser für die vielgestaltigen Vertreter unserer Abstammungslinie von fundamentaler Bedeutung war. „Hominiden mussten regelmäßig trinken und hätten sich ohne Wasser nicht entwickelt", sagt Tim White, Frühmenschenforscher von der University of California.

Völlig auf dem Trockenen sitzende Savannenaffen sind also nicht die Alternative zur Wasseraffentheorie. Und auch die Annahme, Hominiden hätten in der Savanne den aufrechten Gang gelernt, ist längst widerlegt. „Fossilienfunde der letzten 20 Jahre legen nahe, dass bereits sehr frühe, waldbewohnende Hominiden vor rund sechs Millionen Jahren aufrecht gingen und dass der aufrechte Gang möglicherweise mehrfach unabhängig voneinander ‚erfunden' wurde. Das trockenere Klima und ein Savannendasein kamen erst Millionen Jahre später", sagt Philipp Gunz vom Max-Planck-Institut für evolutionäre Anthropologie in Leipzig.

Als ersten unzweifelhaft aufrecht gehenden Hominiden bezeichnet sein amerikanischer Kollege Owen Lovejoy die Menschenaffenart *Ardipithecus ramidus*, die vor allem durch ein 4,4 Millionen Jahre altes, auf den Spitznamen „Ardi" getauftes Skelett bekannt ist. „Ardis Fundstätten in Äthiopien liefern hervorragende Daten zur Rekonstruktion seines Lebensraums. Dabei handelte es sich eindeutig um Wald, ohne Hinweis auf größere Gewässer." Lovejoy und White sind sich einig: Als Erklärung der Menschwerdung taugt die Wasseraffentheorie nicht.

Trotz der breiten Ablehnung der Fachwelt hat die klassische Wasseraffentheorie à la Hardy und Morgan eine treue Schar von Anhängern. Zu ihnen gehörte auch der britische Tierfilmer David Attenborough, der mit seinen Naturdokumentationen Millionen von Menschen in aller Welt erreichte und darin die Wasseraffentheorie unterstützte.

Der aufrechte Gang entstand laut dem Humanbiologen Carsten Niemitz als Anpassung an eine watende Nahrungssuche im Wasser

Woher kommt diese Attraktivität? Ein Merkmal einer guten wissenschaftlichen Theorie ist, dass sie viele verschiedene Effekte auf eine einzige Ursache zurückführt. „In diesem Sinn erscheint die Wasseraffentheorie durchaus attraktiv", schreibt der Anthropologe John Hawks von der University of Wisconsin. Denn mit der Annahme eines noch zu findenden aquatischen Vorfahren lasse sich eine ganze Reihe menschlicher Eigenheiten mehr oder minder plausibel erklären.

Das von ihren Anhängern verdrängte Problem liege in einer weiteren Grundregel für gute Theorien, der zufolge von mehreren möglichen Erklärungen jene zu bevorzugen ist, die mit der geringsten Zahl nicht belegter Zusatzannahmen auskommt. Die Idee einer aquatischen Menschheitsphase setze jedoch ein doppelt unwahrscheinliches Szenario voraus: zunächst den Gang ins Wasser und dann die spätere evolutionäre Entscheidung, dieses wieder zu verlassen.

Dennoch gibt es Forscher, die eine nüchterne Diskussion über die mögliche Rolle des wassernahen Lebens in der menschlichen Evolution fordern. So hält der Humanbiologe Carsten Niemitz die Nahrungssuche im Wasser sogar für den lange vernachlässigten Schlüsselfaktor der Menschwerdung. In seinem Buch „Das Geheimnis des aufrechten Gangs" von 2004 vertritt der inzwischen emeritierte Professor an der Freien Universität Berlin die Auffassung, der aufrechte Gang sei als Anpassung an eine watende Nahrungssuche im Wasser entstanden. Nur so habe diese zunächst noch wacklige und langsame Art der Fortbewegung von Anfang an einen evolutionären Vorteil gehabt und konnte später für das zweibeinige Landleben perfektioniert werden.

Niemitz führt dafür eine Reihe von Belegen an wie etwa die hohe Zahl wasserbürtiger Parasiten des Menschen, paläontologische Indizien für wasserreiche Lebensräume früher Hominiden, eigene Studien zur besonderen, kulturübergreifenden Liebe des Menschen zum Wasser oder Menschenaffen, die beim aufrechten Waten im Flachwasser beobachtet wurden. „Wenn die Vorteile von Ressourcen aus Meer- oder Süßwasser in unserer Vergangenheit nur groß genug waren, könnten sie durchaus die anatomischen Anpassungen an einen dauerhaft aufrechten Gang angetrieben haben", sagt Niemitz, der von der Stichhaltigkeit seines Theoriegebäudes überzeugt ist und sich energisch von den überzogenen Annahmen der Wasseraffentheorie abgrenzt.

Niemitz findet Unterstützung von renommierten Forschern wie dem Harvard-Anthropologen Richard Wrangham oder dem Frankfurter Paläontologen Friedemann Schrenk. Schrenk, der seit 30 Jahren im afrikanischen Malawi nach Überresten von Hominiden gräbt, deutet etwa die Tatsache, dass menschliche Fossilien oft zusammen mit Knochen von Nilpferden oder Krokodilen gefunden werden, als Indiz einer wassernahen Lebensweise.

Die Mehrheit der Paläoanthropologen sieht die „Ufertheorie" trotzdem skeptisch. Allerdings konnte die Fachwelt sich bisher auch nicht auf eine andere Erklärung des aufrechten Ganges einigen – trotz etlicher Hominidenfunde in den vergangenen Jahrzehnten. Forscher vergleichen unsere fossile Ahnenreihe mit einem Buch, in dem nur alle paar Seiten ein Wort gedruckt ist. Die Frage, warum genau sich unsere Vorfahren vor vielen Millionen Jahren aufrichteten, wird sich aus diesem Buch möglicherweise niemals beantworten lassen.

Eine genetisch veranlagte Affinität des Menschen zum Wasser scheint zumindest auf Georg Rüschemeyer, Jahrgang 1970, Wissenschaftsjournalist im englischen York, zuzutreffen. Sobald es die Temperaturen zuließen, verbrachte er als Jugendlicher einen großen Teil seiner Freizeit mit Schnorchel und Taucherbrille im örtlichen Baggersee.

Zu weit weg

mare

Ich bin wirklich ein Fan Ihrer Zeitschrift, vor allem Ihrer kleinen Beiträge: Rezensionen, Ausstellungstipps und all die kleinen Berichte, die mich dem Meer in all seinen Aspekten nahe sein lassen, auch wenn es für mich in Wien doch recht weit weg ist. Die großen Reportagen locken mich zunächst einfach durch die meist beeindruckenden Fotostrecken. Die ersten längeren Textbeiträge, die ich dann lese, betreffen meist Geschichtsthemen.

Dr. Andreas Gleiß, Wien

Halbwegs gerecht

mare No. 113,
„Der Abend der Kerzenesser"

Ihre Kuba-Reportage hat mit bemerkenswerter Ideologiefreiheit die Entwicklung der letzten Wochen vorweg gezeigt. Mich als früheren DDR-Bürger erinnert die Situation in Kuba an die Monate nach dem 9. November 1989 in Berlin. Auch damals gab es sowohl eine große Gruppe der Nomenklatura, die den „Mantel der Geschichte" (H. Kohl) nicht erfassen wollte, und ebenso eine Gruppe, die den Wandel betrieb, von der Mehrheit der DDR-Bürger ganz abgesehen, die ohnehin einen Systemwechsel begrüßte. In Kuba wird es heute wie damals in der DDR darauf ankommen, ob die Versprechen der Privatwirtschaft halbwegs gerecht sein werden. Es wäre ein fatales Zeichen, wenn sich jetzt ein gieriger Investorenschwarm über das Land hermacht und es aussaugt, wie es die USA schon mal in den 1940er- und 1950er-Jahren getan haben. Behutsame Reformen werden vielleicht den Weg zu dem, wie Sie einen Kubaner zitieren, gerechten Sozialstaat nordeuropäischer Art ebnen können. Die in manchen Medien genannten Zahlen ausreisewilliger Kubaner scheinen mir deutlich übertrieben. Auf meinen Reisen in Mexiko wusste dort niemand etwas von den angeblichen Zehntausenden Kubanern, die dort auf Einreise in die USA warten. Der Verdacht besteht, dass sich hier Medien vor den Karren mächtiger Interessengruppen spannen lassen. Erfreulich, dass Sie solchen Zwängen widerstanden haben.

J. Sachse, Madrid (Spanien)

Nichts Exotisches

mare No. 113,
„Geliebter Bösewicht"

Meine Mutter war während des Zweiten Weltkriegs Krankenschwester im Kriegslazarett 4/608 in Riga. In dieser Zeit wurde sie mehrfach von lettischen Ärzten zum Essen eingeladen. Hierbei wurde ihr Neunauge als Landesspezialität serviert. Das sei ein typisches Essen der Gegend gewesen, ähnlich wie die jahreszeitlich begrenzten Stinte an der Weser, aber nichts irgendwie Exotisches. Die Neunaugen hätten einen besonderen Geschmack gehabt, mit keinem anderen Fisch vergleichbar. Sie seien sehr lecker gewesen. Aber das ist lange her, und der damals allgegenwärtige Hunger hat manches zur Leckerei gemacht, was heute nur auf wenig Gegenliebe stößt. Das macht mich um so neugieriger, diese Viecher einmal zu verkosten.

Rüdiger Buhl, per E-Mail

Wir freuen uns über Ihre Briefe, müssen uns aber Kürzungen vorbehalten.
mare Leserbriefe, Sandthorquaihof, Pickhuben 2, 20457 Hamburg, mare@mare.de, Fax +49/(0)40/369 859 99

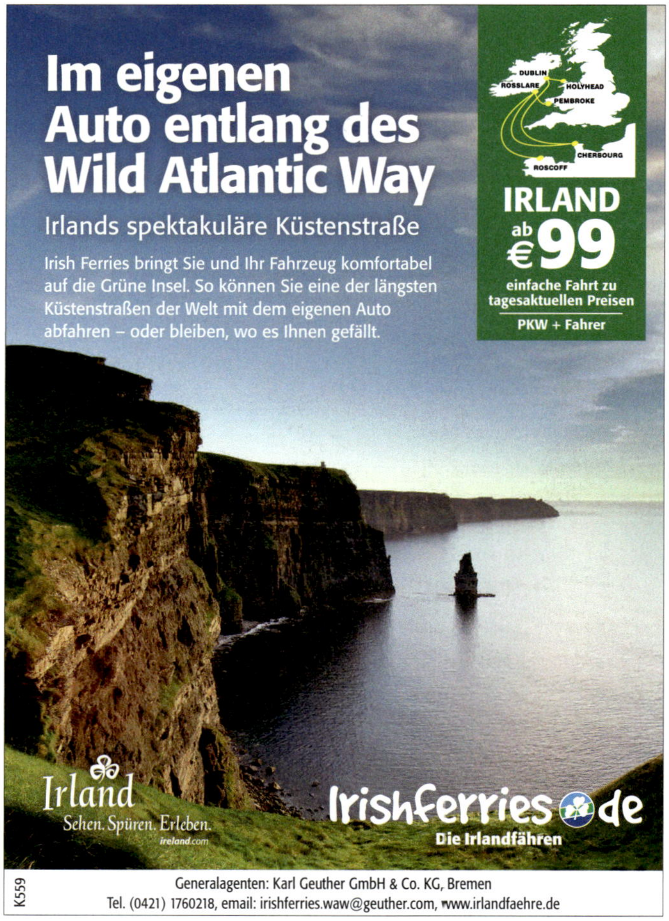

Notizen einer Landratte, *38.*

In dieser Folge gesteht unser Kolumnist Maik Brandenburg freimütig das Scheitern einer Recherche, übt seine Informationspflicht dennoch aus und räsonniert über den Sinn von Bildungsaufträgen

Illustration: Pascal Cloëtta

ICH WOLLTE EINE KOLUMNE SCHREIBEN, DIE DIE SEEmannsflüche feiert, eine Ode an den Schimpf zur See. Das ist ja bekannt, dass ohne den nichts ging. In der Flaute brachte das Fluchen mindestens ein bis zwei Windstärken, bei Sturm wurde eben gegen angetobt, bis der Taifun beleidigt beigab. Ich stellte mir bärbeißige Teerjacken vor, die das Meer anschrien oder das Schicksal oder wenigstens den Schiffsjungen, der musste ja lernen. Salzbuckel mit nicht jugendfreien Zoten, denen der Priem aus dem Mund fiel, wenn sie um Kap Zorn segelten. Aber klei mi an 'n Mors, ich habe keinen Fluch gefunden.

Nicht, dass es nicht ständig donnerte auf einem Schiff. Nur offenbar unterschieden sich die maritimen Verbalgewitter nicht von denen an Land. Ich will jetzt keine Beispiele bringen, dieses Magazin wird von einem Schweizer geführt, dem Enkel von Heidi und dem Kräuterpfarrer. Aber denken Sie an Ihre letzte Fahrt mit der Deutschen Bahn, an den letzten Behördengang, an die Einkommensteuer, dann haben Sie, was ich meine.

Nur so ein echter, gischtgeborener Seemannsfluch? Fehlanzeige, berichtigen Sie mich. „Nimm deinen Dödel aus dem Lümmelbeschlag, ich verpass dir sonst 'nen Plattfuß, dass du dumm aus 'm Ochsenauge guckst" zählt aber nicht. Das ist kein Fluch, sondern eine Anweisung. Ein Seemann würde zwar irritiert gucken, aber irgendwie damit zurechtkommen. Auch einfach auf Plattdeutsch zu motzen geht nicht. Ein Spruch wie „Düwels ook, du Dösbaddel klönst 'n Tüderwark as 'n Brassen" ist kein Fluch, sondern ein – landestypisch grobes – Kompliment.

Aber es muss welche geben, die Literatur erwähnt sie. So irgendwie, jedenfalls. Dort hantiert einer „mit einem Dutzend Seemannsflüchen" oder sucht „nach Ausschöpfung meines Vorrats an Seemannsflüchen" neue Ideen, jemand „stößt ein paar deftige Seemannsflüche aus", ein anderer „einen Schwall saftiger Seemannsflüche". Okay, dann lasst mal hören.

Lassen sie aber nicht. Kein – ach was, ich tu es jetzt doch mal, es gibt ja auch eine Informationspflicht –, also kein „Du Sohn einer Schiffsratte", kein „elender Krakenpups", „Nixenschiss" oder wenigstens „Saupreuß, dreizackiger!". Ich habe recherchiert.

Dabei gibt es für jeden Kram an Bord eine spezielle maritime Vokabel, für jede noch so kleine Tätigkeit den bordeigenen Sprech. Weiß der Klabautermann, warum sie das tun, es macht die Sache jedenfalls nicht leichter (aber man geht ja sowieso nicht auf ein Schiff, um es im Leben einfach zu haben).

Nehmen wir also nur mal das Essen. Dieses heißt auf den Planken Backen und Banken, das Besteck wird aber nicht benutzt, um sich vollzuschlagen, sondern dient der Navigation. Was wir Normalsterblichen Messer und Gabel nennen, heißt dagegen Schanzzeug. Auch Bordziegen werden nicht irgendwann geschlachtet – es sind Männer, die in den Rahen herumturnen. Und „schlachten" meint natürlich auch was ganz anderes, nämlich das Abschneiden von Segeln. Clupeiden wiederum kann man essen, so nennen sie die Heringe, die der Smutje (Koch) hoffentlich nicht auf dem Rattenblech (eine Schutzscheibe) brät. Für Faulenzer sowieso nicht, das sind nämlich Sicherungsleinen. Und wenn Sie an Bord nach einer Mettwurst fragen, passiert das Gleiche, was auch nahe einer Moschee in Saudi-Arabien passiert, falls Sie sich dort trauen, eine zu bestellen: Ihnen wird das Ende eines Taues serviert.

Eine rühmliche Ausnahme ist „Die Schatzinsel" von R. L. Stevenson. In diesem Roman haben einige Beteiligte ständig grüne Gischt vorm Mund. Im Verlag Hase und Igel in Garching hat man die intellektuelle Kraft der Seemannsflüche erkannt und bietet entsprechende Unterrichtsmaterialien an. In einem Lehrbuch sollen die Schüler Long John Silver nacheifern und „selbst originelle Seemannsflüche" erfinden.

Das ist der richtige Weg. Erst wenn es eines Tages nicht mehr heißt: „Ey, Alder, ich hau dich Krankenhaus", sondern „Yo, Flottenfurz, ich nagel deine Nase dwars an 'n Mastbaum", ist der Bildungsauftrag erfüllt.

Der Himmel im Meer

Die uralten Mythen der grönländischen Inuit sind in Texten und Bildern erhalten. Das ist das Verdienst zweier Chronisten, die sich christlichen Missionaren entgegenstemmten

Von Martin Zähringer

1

IN GRÖNLANDS HAUPTSTADT Nuuk steht am historischen Koloniehafen eine Bronzeskulptur des norwegischen Missionars Hans Egede (1686–1758). Gestützt auf einen mächtigen Hirtenstab, die Bibel vor der Brust, blickt der Gottesmann übers Meer. Von heutigen Hauptstädtern auf seinem überragenden Hügelstandort bespöttelt, steht Egede für seine eigene Wahrheit: Seit er 1721 gelandet war, hat die Mission innerhalb weniger Jahrzehnte die alte Religion der Inuit ausgerottet. Wo es früher Schamanen, Trommelgesänge und mündliche Überlieferung gab, waren jetzt Missionare, Katecheten und Bibel. Es gab einen rasanten Kulturwandel in Westgrönland, und noch heute gilt vielen das Tempo der Bekehrung als Beweis für die metaphysische Unterlegenheit der schriftlosen Kultur.

Eine Ursache dafür war auch die Versorgung mit modernen Waren. Die damals nur wenige tausend Ureinwohner konnten zwar auf eine jahrtausendealte Überlebensgeschichte in der rauen arktischen Natur zurückblicken, doch als Jägernomaden waren sie einer bedrohlichen Unberechenbarkeit ihrer Lebensumstände ausgesetzt. Auf Jagd- und Sammelerfolg folgten Mangel- und Hungerperioden. So gab es keinen vernünftigen Grund, den materiellen Versprechungen der Zivilisation zu widerstehen. Gewehre halfen, die Vorräte erheblich aufzustocken, Stahlnadeln, die Nähte der überlebenswichtigen Pelzkleidung dichter zu machen, und Tabak gehörte auch am Polarkreis zu kolonialen Tauschgütern ersten Ranges. Beziehungen zu Weißen bestanden ohnehin schon lange; Walfänger, Trankocher und Pelzhändler hatten für die Inuit vorteilhafte Kontakte etabliert.

Aber der Handelsmann Egede aus dem Königreich Dänemark-Norwegen war an einem anderen Tauschgeschäft interessiert: Eure heidnischen Trommeltänze gegen meine Bibel, eure Schamanen gegen meine Katecheten. Er war erfolgreich – heute gehören die meisten der 57 000 Grönländer einer christlichen Kirche an.

Dennoch, der Sieg der Missionare und Kolonialisten war nicht so ewig, wie es die leicht kippende Statue von Hans Egede demonstrieren soll. Davon zeugen zwei Vertreter einer anderen grönländischen Kultur des 19. Jahrhunderts: die Erzähler, Chronisten und Illustratoren Aron von Kangeq

1 In der von Aron von Kangeq illustrierten Geschichte überleben zwei Männer einen Sturm. Der eine fällt aus seinem Kajak und klammert sich an den Bootsriemen des anderen

2 Der norwegische Missionar Hans Egede bereist seit 1721 mit einem Helfer das Land und verkündet christliche Werte. Die alte Religion der Inuit wird innerhalb weniger Jahrzehnte ausgerottet

Heidnische Trommeltänze und Schamanen wollte Hans Egede gegen Bibel und Katecheten eintauschen

2

3 Jehu hat einen feinen neuen Anorak aus Papier erhalten. Als es zu regnen anfängt, fällt das schöne Kleidungsstück auseinander

4 Kajakfahrer entdecken ein verlassenes Schiff. Sie probieren alles aus, was sie an Bord finden, und nehmen mit, was sie brauchen

5 Das erste Bild der mehrteiligen Geschichte über den Kraftmenschen und Massenmörder Qajuuttaq zeigt sein Zusammentreffen mit Schiffbrüchigen auf einer Eisscholle

(1822–1869) und Jens Kreutzmann (1828–1898). Beide waren aktiv im Dienst der Kolonialisten, trugen aber mit ihren Werken erheblich zur Bewahrung und Schaffung einer eigenen grönländischen Kultur bei. Ihre Werke sind inzwischen in dänischer Sprache zugänglich, werden fürs Deutsche vorbereitet und gelten in Grönland als Schätze einer nationalen Kulturgeschichte.

Am Anfang dieses nationalen Kulturprojekts stand Hinrich Johannes Rink (1819–1893). Der dänische Geologe, Weltreisende und spätere Grönlandchef des alleinherrschenden Kolonialkonzerns KGH (Königlich-Dänischer Grönland-Handel) hatte eine enge Beziehung zu den Einheimischen. Während geologischer Studien und seiner Inlandeisforschung in Nordgrönland lebte er vier Jahre bei den Polarinuit. 1858 wurde er Inspektor für Südgrönland, beförderte die politische Integration der Inuit und rief ein einmaliges Projekt ins Leben: Er forderte die Einheimischen auf, ihre Geschichten zu sammeln. Sie wurden eingereicht, honoriert und gedruckt. Rink fand zahlreiche Beiträge, die sich auf zwei verschiedene Quellentypen bezogen: die „Oqalluttuat", also „wirklich alte Erzählungen", die man mit allergrößtem Respekt vor den Ahnen in genauem Wortlaut wiederzugeben hatte; dazu die jüngeren „Oqalualaarutit", die freizügiger waren und der Unterhaltung und Zerstreuung dienten.

Leider kamen ihre grönländischen Texte in naturgemäß abenteuerlicher Orthografie und Grammatik an; die 1851 von dem Herrnhuter Missionar und Naturforscher Samuel Kleinschmidt vollendete „Grammatik der grönländischen Sprache" begann sich erst langsam zu etablieren. Jens Kreutzmann und Aron von Kangeq kannten Kleinschmidt und seine Grammatik und hielten sich daran. Auch sie betätigten sich für Rink als Sammler und Transkriptoren jener Erzähler, die nicht schreiben konnten oder wollten. Vor allem aber schufen sie eigene Originalwerke, die bis heute in einer spannenden kulturellen Vieldeutigkeit schillern.

Die „Oqalluttuat"-Formel „In den wirklich alten Zeiten" findet sich auch bei Aron und Kreutzmann. Oft sind es solche Geschichten, in denen die verruchten Angakoks und Trommeltänzer auftreten. Die grönländischen Schamanen waren die ursprünglichen Heiler, Magier und spirituellen Führer der Inuitkultur, von der Mission so heftig bekämpft und tabuisiert wie der rituelle oder gesellige Trommeltanz, den man für Satansanbetung hielt. Bei Kreutzmann findet sich sogar Sedna, die „Mutter des Meeres" – ein dreister Tabubruch in missionarischen Zeiten.

Sedna ist ein extremes Beispiel für die kosmologischen Differenzen zwischen den Kulturen. Deren religiöse Koordinaten könnten verschiedener kaum sein: Wo die Christen alles Gute im Himmel, also oben ansiedeln, kommt es bei den Inuit von unten, aus dem Meer. Dort sitzt Sedna und wacht über das Leben. Hin und wieder wird diese Meeresmutter gefährlich – wenn die Menschen es zu wild getrieben haben mit der Ausbeutung der nautischen Ressourcen. Dann kann nur ein guter Angakok sie dazu bewegen, die Früchte des Meeres freizugeben. Für die Missionare war Sedna schlicht „des Teufels Großmutter". Erst vor einigen Jahren erstand sie leibhaftig aus den Wellen – als komplex gestaltete Granitskulptur mit Meerestieren und Angakok, am Fuß jenes Hügels, auf dem Hans Egede thront.

Aron von Kangeq nahm mehr Rücksicht auf christliche Wertvorstellungen. Er war wie fast alle Grönländer Robbenfänger und Jäger und lebte im 200-Seelen-Dorf Kangeq bei Nuuk. Wie sein Vater war er Katechet und Verbindungsmann zu den Herrnhuter Missionaren. Diese Brüder aus Deutschland hatten sich im frühen 18. Jahrhundert in Grönland etabliert, eigentlich mit dem Auftrag, Hans Egede dienend zu helfen. Egedes bibeltreue und schriftbezogene Mission lag ihnen aber nicht. Sie machten sich selbstständig, konkurrierten mit der dänisch-norwegischen Mission und überzeugten – oder verführten – die Inuit viel erfolgreicher mit Blasmusik, Liedern und festlichen Liturgien. Noch heute gelten ihre Einflüsse als prägend. Den Ort Kangeq, ganz in der Nähe des Hauptsitzes Neu-Herrnhut, hatten sie vollständig unter ihrer Obhut.

Hier also lehrte der Katechet Aron die christlichen Werte. Aber er erkrankte an Tuberkulose. Oft lag er dann auf der Pritsche in seinem halb europäisch geführten Haus, zeichnete und aquarellierte und wurde in der Folge zum reifsten Autor grönländischer Erzählungen.

Berühmt ist Arons literarische Version der Geschichte vom kleinwüchsigen, misshandelten Waisenjungen Kaassassuk. Das Thema Waisenkinder war wichtig, denn viele Väter verloren ihr Leben bei der Jagd auf dem Meer. Nun lag das Schicksal der Waisen in der Hand der anderen Fänger, und da es keine schriftliche Sozialgesetzgebung gab, wurde mündlich an deren Ethik appelliert.

Offensichtlich auf die Seite der Schwachen schlägt sich die alte Erzählung von Kaassassuk. Diesem Wehrlosen setzten die neuen Hausgenossen arg zu. Sie zogen ihm alle Zähne, damit er nicht so viel essen konnte, hoben ihn an den Nasenlöchern über die Haustürschwelle und malträtierten ihn auf niederträchtigste Weise – bis Kaassassuk den mächtigen „Herrn der Kraft" aufsuchte. So kam die Stunde der Rache, aber bei Aron eben auch die Einsicht in soziale Rücksichtnahme. Eine der schönsten Skulpturen in Nuuk zeigt die Szene, in der dieses magische Wesen den Waisenjungen mit seinem Schwanz umschlingt, um ihn – nun übermenschlich stark geworden – zurück in die Welt zu werfen. ➢

Der Robbenfänger und Jäger Aron von Kangeq wurde zum gewichtigen Chronisten der Inuit Grönlands

3

4

5

Die Moralvorstellungen der Missionare kümmerten Jens Kreutzmann wenig. Seine Darstellungen der Angakoks sind freizügig

6

6 Familiendrama aus Kreutzmanns Feder: Der Vater will seine Tochter nicht loslassen und reist mit ihr im Boot ab

7 Das einzig bekannte Porträt Jens Kreutzmanns hat der Geologe Hinrich Johannes Rink um 1862 aufgenommen. Rink war Initiator der Geschichtensammlung der grönländischen Ureinwohner

Jens Kreutzmann lebte im Norden im Küstenhandelsort Kangaamiut. Dort war er in der Nachfolge seines dänischen Vaters Ortsleiter des KGH. Schon diese Stellung hob ihn hervor, ein großer Walrossfänger war er zudem. Aber berühmt wurde Kreutzmann für seine Erzählungen und Aquarelle. Wie Aron, mit dem er befreundet war, zeichnete er mündliche Überlieferungen auf, erweiterte traditionelle Sagen um eigene Themen oder schrieb selbst erfundene Geschichten, faszinierende Kurzerzählungen über die Conditio humana am Arktischen Ozean, und im Gegensatz zu Aron schrieb Kreutzmann ohne religiöse Schere im Kopf. In seinen Geschichten vergnügen sich die Männer beim Trommeltanz, zeigen sich die Angakoks in allen Lebenslagen.

Bisweilen treten die Verpönten ganz harmlos in Szene. Etwa in der Geschichte der hochmütigen Kakamaaq. Ein Großangakok aus dem Süden macht sich mit seiner Familie auf die Suche nach einem Winterquartier im Norden und kommt nach Pisuffik. Dort plaudert er mit dem Großangakok Kajuerneq über Wetter, Reisewege und Fangmöglichkeiten. Schließlich kommen sie zur Frage, ob es im Norden denn so schöne Plätze gebe wie im Süden. Für Kajuerneq, weit und breit der Einzige mit Norderfahrung, überhaupt keine Frage. „Ich war verschiedene Mal dort, und es gibt wirklich viele schöne Plätze im Norden. Aber was echte Schönheit angeht, so zählt für mich nur Ilulissat!“

Für die folgende Geschichte ist das nur die motivierende Rahmenhandlung. Das eigentliche Drama beginnt in Ilulissat mit einem der örtlichen Schönlinge. Der verdreht Kakamaaq den Kopf, passt aber dem Vater nicht, weil er nichts zu bieten hat. Für Kreutzmanns komplexe literarische Strategie ist dieser Anfang bezeichnend. Spielend wird das Angakok-Tabu gebrochen, en passant kommt Schönheit der Natur ins Spiel und damit ein zentrales Element der grönländischen Kultur: ihre alte und unauflösliche Beziehung zur Natur.

Ilulissat liegt nach wie vor in unvergleichlich schöner Umgebung und ist touristische Hauptattraktion Grönlands. Auch die in den Nuukfjord gleitenden Gletscher des Inlandeises und die verlassenen Siedlungen rund um Nuuk lassen ahnen, wie stark die Beziehung der Inuit zu ihrer Umwelt von ästhetischer Wertschätzung geprägt war. Eine kurze Bootsreise von Nuuk entfernt liegt die Siedlung Quoornoq, in der man einen überzeugenden Eindruck davon bekommt. Nur die Inuit fehlen. Sie leben nicht mehr in Quoornoq, weil das Dorf nach dem Konkurs der Fischfabrik stillgelegt wurde. Heute haben Hauptstadtbewohner mit eigenem Boot hier ihre Sommerhäuser, die ursprünglichen Bewohner tauschten das Panorama im Fjord gegen die Aussicht aus Wohnblocks in Nuuk.

Naturschönheit hat der Aquarellist Kreutzmann kaum zu bieten. Ihm geht es mehr um die illustrative Pointe. Aber wenn er schreibt, etwa eine Geschichte über einen Lustmörder, der mit seinem Kajak in den Süden reist, dann spielen Meer und Natur eine entscheidende Rolle. In dieser Geschichte zeigt sich Kreutzmanns Fähigkeit, die theatralische Kraft des mündlichen Erzählens in Pointen umzuwandeln. Etwa wenn der Frauenräuber und Mörder aller Kajakfahrer im Versammlungshaus erscheint und sein Gesicht zeigt. Hier kann man sich vorstellen, wie der traditionelle Erzähler im Dämmer der arktischen Nacht plötzlich eine Maske hervorzaubert und die Zuhörer schockiert.

Aron ist in malerischer Hinsicht viel weiter. Davon zeugen mehr als 400 kleinformatige Bilder, die im Nationalmuseum von Nuuk oder im Ethnografischen Museum in Oslo aufbewahrt werden. Auf einigen seiner Meeresbilder sind Wolkenformationen zu sehen, die an Vincent van Gogh erinnern. Auch Perspektive und Farbkontraste, der Ausdruck seiner Charaktere und die szenische Dramaturgie

7

werden nach und nach raffinierter. Das ist besonders interessant bei den Gruppenbildern, die Inuit im Kontakt mit Weißen zeigen, etwa in den Szenen auf den Schiffen oder bei den Gewaltakten im Mittelalter, als Erik der Rote mit anderen Wikingern in Grönland siedelte. Deren Nachfahren hatte Hans Egede eigentlich gesucht, und am Ende glaubte er, die Inuit hätten die Europäer ausgelöscht. Diese Mittelalterphase des Kulturkontakts hat Aron zu einem seiner Hauptthemen gemacht.

Die Geschichten von Kreutzmann und Aron sind eigenartig und einzigartig. Oft variieren sie „authentische“ Überlieferungen mit modernen Elementen, fantastisch und fantasievoll, skurril und grotesk, dokumentarisch und chronistisch und, in Arons Fall, zunehmend psychologisch und religiös. Nur wenige dieser Texte gingen in Rinks Sammlung „Mythen und Sagen der Grönländer“ von 1866 ein. Erst die dänische Philologin Kirsten Thisted hat Ende der 1990er-Jahre alle Texte vollständig gesammelt, ins Dänische übersetzt und gemeinsam mit grönländischen Kollegen in drei aufwendig edierten Büchern veröffentlicht. Thisted hat auch alle Originalbilder an verschiedenen Standorten besorgen können. Somit liegen jetzt erstmals die gesammelten Werke von Jens Kreutzmann und Aron von Kangeq mit korrekt zugeordneten Illustrationen vor.

Der Schwarzwälder Martin Zähringer studierte während seines Nordistikstudiums auch Eskimologie in Kopenhagen. Er lebt als Übersetzer, Autor und Moderator in Berlin.

mare verschenken

Mit der diesem Heft beiliegenden Geschenkabo-Karte können Sie mare-Hefte und mare-Kalender und/oder mare-Bildbände natürlich auch praktisch verschenken.

Zusätzlich zu mare – der Zeitschrift – gibt es auch die Möglichkeit, mare-Kalender und/oder mare-Bildbände im Abonnement zu beziehen. Beide erscheinen einmal jährlich im Herbst.

Der mare-Bildband „Mittelmeer“

von Mathias Bothor.
Format: 30 mal 26 Zentimeter, ca. 144 Seiten.
Im Abonnement zahlen Sie für den Bildband nur 49 €/70 CHF statt 58 €/77,90 CHF.

Der mare-Kalender „Meeresblicke 2017“

Format: 82 mal 58 Zentimeter.
Im Abonnement zahlen Sie für den Kalender nur 40 €/60 CHF statt 49 €/69 CHF im Einzelkauf.

Kalendercover: © Pooyan Shadpoor; Bildbandcover: © Mathias Bothor; Geschenkkarte: Leo Seidel

Der Havarist

Der Hollywood-Star Sterling Hayden war auch Autor zweier Seefahrerromane. Vor allem aber war er ein wilder Nonkonformist, der sich auf rauer See am wohlsten fühlte

Von Alf Mayer

Wir Kinogänger kennen ihn als Johnny Guitar, den nur mit einer Gitarre bewehrten, des Kämpfens müden Cowboy zwischen zwei Frauen aus jenem Technicolor-Western von Nicholas Ray, der von Surrealisten inszeniert zu sein scheint. Kennen ihn auch als General Jack D. Ripper, der in Stanley Kubricks „Dr. Seltsam“ auf einer Bombe in die Apokalypse reitet, oder als den baumlangen Gangster Dix Handley, der in John Hustons „Asphalt-Dschungel“ auf einer Koppel in Kentucky stirbt. Sterling Hayden (1916–1986) war Filmschauspieler, seine Filmografie weist über 70 Titel auf – aber nur auf wenige Rollen war er stolz. Die des Dix Handley gehört dazu.

Zeit seines Lebens verachtete Hayden sich für eine bitter bereute Tat. „Shirley“ nannte er sich in den Phasen der Selbstbezichtigung. Der Marineoffizier, als einziger US-Soldat im Zweiten Weltkrieg sowohl von den USA als auch von den Kommunisten (Tito) ausgezeichnet, der als OSS-Agent vom apulischen Bari aus eine Nachschubflotte von 400 Booten für jugoslawische Partisanen befehligte und hinter den Linien mit dem Fallschirm absprang, hatte sich zu einer „patriotischen Aktion“ überreden lassen und am 10. April 1951 als freundlicher Zeuge vor dem Kongressausschuss zur Untersuchung unamerikanischer Umtriebe (HUAC) ausgesagt.

Vom Kampfesgeist der Balkankämpfer und ihrem Glauben an eine Sache stark beeindruckt, war Hayden – für ein halbes Jahr – Mitglied der Kommunistischen Partei der USA geworden, die Theoriediskussionen hatten ihn aber schnell gelangweilt. Im Klima der Kommunistenhatz, in der die Hollywood-Kolumnistin Hedda Hopper „Konzentrationslager für die Roten“ forderte, „ehe es zu spät ist“, fürchtete er, das Sorgerecht für seine Kinder zu verlieren. Also nannte er Namen. Ronald Reagan, damals Präsident der Schauspielergilde, telegrafierte: „Sterling, ich bin stolz auf dich!“ Gut 2000 Presseausschnitte feierten ihn als Helden: „Hayden streift seine Kommunistenvergangenheit ab“.

Hollywood belohnte ihn mit einer schnellen Folge von Filmen. Doch Hayden zerbrach fast an seinem Verrat. „Es kommt wohl selten vor, dass ein Mann mit Lobeshymnen überschüttet wird für etwas, wofür er sich zutiefst verachtet“, meinte er später. Verlorenheit lernte er nicht auf den Weltmeeren, sondern in Hollywood kennen. Würde es die See nicht geben, auf der sich nach Joseph Conrad „die Substanz eines Mannes erweist“, hätte er, der lange Zeit selbstzerstörerisch trank, wohl nicht ein Alter von 70 Jahren erreicht. Hätte er weder in Bertoluccis „1900“, Altmans „Der Tod kennt keine Wiederkehr“ oder Coppolas „Pate“ gespielt, gäbe es zwei große, schöne Bücher nicht.

Ein Foto des 1,93 Meter großen blonden Seemanns Sterling Hayden legte den Grundstein für die Hollywood-Karriere

18 Schiffe besaß Sterling Hayden im Lauf seines Lebens, vom Dreimastschoner bis zur Flussbarkasse, eines davon am Tag seines Eintritts in die KPUSA gekauft und „Quest“ („Suche“) getauft. „Nicht viele können von sich sagen, diese zwei Dinge an einem Tag gemacht zu haben“, kommentierte er das lakonisch. „Horizon“ hieß ein anderes, „Brigadoon“ ein weiteres, die 1902 in New York gebaute „Aldebaran“ war als „Meteor III“ eine Yacht des deutschen Kaisers gewesen. Die „Gracie S.“ taufte er, der schrieb „Ich habe noch nie etwas für Tycoons und deren Frauen übrig gehabt“, in „Wanderer“ um. Sie gab seiner 1964 erschienenen Biografie den Titel.

„Wanderer“ ist eine schonungslose Abrechnung mit sich selbst, literarisch hochrangig, der Beat Generation ebenso zuzurechnen wie den großen Autoren der Ozeane. Bis heute hat sich dafür kein deutscher Verlag gefunden. Ebenso wenig wie für „Voyage. A Novel of 1896“, Haydens „großen amerikanischen Roman“ über zwei Schiffspassagen, die eine durch die Südsee nach Japan, die andere um Kap Hoorn, zugleich eine Klassengeschichte Amerikas und der Arbeiterbewegung. 700 gewaltige Seiten, das wohl beste Seefahrerbuch seit „Moby-Dick“, von einem wirklichen Weltensegler geschrieben. Hayden umkreuzte den Globus dreimal. Die Schiffs- und Hafenbeschreibungen brummen von Leben, die Kap-Hoorn-Umrundung liest sich furchteinflößend.

Sechs Kinder, drei Ehefrauen, die mittlere dreimal geheiratet – Hayden war ein mehrfach schiffbrüchiger Fliegender Holländer, ein Wanderer, Suchender, Nonkonformist. 1959 entführte er mitten in einem Sorgerechtsprozess seine damals vier Kinder, segelte mit ihnen auf der „Wanderer“ nach Tahiti, wo er eine Post-

Der Schauspieler: Sterling Hayden mit Joan Crawford in „Johnny Guitar", 1954

Der Verräter: Hayden nannte 1951 vor dem „Ausschuss für unamerikanische Umtriebe" Namen kommunistischer Mitstreiter, was er sein Leben lang bereute

Ein Schiff von vielen: Mit seinem Schoner „Wanderer" segelte Hayden nach Tahiti. „Wanderer" heißt auch seine Biografie, eine schonungslose Abrechnung mit sich selbst

linie eröffnen wollte. Über viele Jahre führte er eine Liste alter Schiffe, die auf der Welt zum Verkauf standen. So sprach er zum Beispiel für die außer Dienst gestellte, 1890 gebaute norwegische Seerettungsketsch „Oscar Tybring" einfach in der Washingtoner Botschaft vor und machte mit diesem Zweimaster dann Sausalito bei San Francisco zu seinem Heimathafen (wo er auch starb).

In späteren Jahren lebte er monatelang auf europäischen Flüssen, wo ihn 1981 der Filmemacher Wolf-Eckart Bühler auf dem Doubs aufspürte. Hayden war damals 65, er lebte im Schatten der Zitadelle von Besançon auf einer Barkasse. Bühler hatte Geld für eine Woche Dreh. Jede Minute davon war Hayden betrunken oder bekifft, redet aber im Film mit der Klarheit eines Erzengels. Unglaublich, wie er dasitzt mit gewaltigem Bart und wilder Mähne, wettergegerbt, barfuß, zugedröhnt. Ein König ohne Land und Untertanen. Eine Shakespeare-Gestalt. Ein Träumer und Denker, ein flammender Prophet. „Pharos of Chaos", Leuchtturm des Chaos, der Titel eines unvollendet gebliebenen Hayden-Buches, gab dem aufwühlenden Dokumentarfilm den Namen.

Hayden sah sich den Film ein Jahr später an, alleine in einem Kino, schwieg lange im Restaurant, wo er sich mit dem Regisseur traf, meinte dann, der Film sei gut, richtig gut und wahrhaftig, nie mehr in seinem Leben aber wolle er ihn sehen, sich auf solche Weise begegnen müssen, derart auf dem Boden der Existenz.

Viele Passagen in „Voyage", das erzählte er Bühler im Interview, würden von

An dem Tag, als er in die Kommunistische Partei der USA eintrat, kaufte Sterling Hayden auch ein Schiff

Fachleuten gerühmt – für die peinvoll plastische Wiedergabe von Alkoholsucht. Überflüssig zu sagen, dass dieser Dokumentarfilm lediglich einen kleinen Verleih fand, als BluRay bisher nur in Australien herausgekommen ist. Bühler widmete Hayden einen weiteren Film, in dem er Passagen aus „Wanderer" textgetreu szenisch inszenierte. Titel der Unternehmung: „Der Havarist".

Schiffbrüche erlebte Hayden tatsächlich mehr als einen. Oft war er pleite, mindestens drei seiner Schiffe zerschellten. Hayden liebte es, in rauester See zu segeln, er war ein Windjammermann, ein *natural*. Das Fieber der Schiffe ergriff ihn schon jung, im entfesselten Nordatlantik, bei den Fischern Neuenglands, den *Gloucestermen*. Dieser stets mit höchster Achtung geäußerte Titel galt den Fischern aus der gleichnamigen Stadt in Massachusetts, die auf den Grand Banks vor Neufundland mit den kanadischen „Blaunasen" um die besten Kabeljaufänge konkurrierten.

Die Gloucester-Schoner, „zweimastige, zweifäustige, hochaufragend schlanke, blitzschnelle, schwindelerregende Schönheiten", wie Hayden die *able handsome ladies* später beschrieb, galten als die schönsten je gebauten Arbeitsschiffe. Der erste Schoner lief 1714 vom Stapel, bis vor dem Zweiten Weltkrieg wurden es mehrere tausend. Schiffshandwerk hatte in Gloucester goldenen Boden. Nicht wenige Schiffe aber gingen in der Region des „perfekten Sturmes", wie der Bestseller von Sebastian Junger über eine solche Katastrophe heißt, samt ihren Besatzungen unter. „They that go down to the sea in ships, 1623–1923" steht auf der Gedenktafel. Mehr als 5000 Namen sind eingraviert. Allein zwischen 1830 und 1887 verlor die Gemeinde 668 Schoner und 3755 Seeleute, an die 10 000 ertrunkene Fischer dürften es im Lauf der Jahrhunderte gewesen sein, meinen regionale Forscher.

„Über Bord" heißt denn auch der von Rudyard Kipling in Gloucester recherchierte, 1897 erschienene Roman (Originaltitel „Captains Courageous", 2007 im mareverlag in der Übersetzung von Gisbert Haefs wieder aufgelegt). „Die Große Bank", heißt es darin, sei „ein Dreieck mit zweihundertfünfzig Meilen Seitenlänge, eine malmende Wasserwüste, verhüllt von klammem Nebel, gepeinigt von Stürmen, heimgesucht von Treibeis, gestriemt von den Kielen rücksichtsloser Liner und getüpfelt von den Segeln der Fischerflotte".

Der junge Hayden, der mit neun Jahren seinen Vater verlor, las alles über Seefahrt und auch den Kipling, später hatte er auf seinen Fahrten bis zu 500 Bücher an Bord. Er überredete seine Mutter zum Umzug an die Küste. Zuerst war es Boothbay Harbor in Maine. Mit einer Jolle trieb er sich im Hafen herum, winkte den Matrosen zu, schloss Freundschaften, saugte Geschichten auf. 1932, im Alter von 15, riss er aus, folgte den Hobos, Wanderarbeitern, die auf Güterzügen reisen, kam bis Portland, Maine, 100 Kilometer weit, wo Seeleute ihn auf dem Schoner „Restless" übernachten ließen, ehe sie ihn nach Hause schickten.

Bald darauf verdingte er sich als Schiffsjunge auf dem großen Schoner „Puritan", der durch den Panamakanal nach San Pedro, Kalifornien, segelte. Wieder zurück, schloss ihn ein Kapitän namens Ben Pine ins Herz. Der betrieb die Atlantic Supply Company und war bestens vernetzt.

Hayden erwarb sich seine Sporen mit ehrlicher Arbeit, heuerte oft auf den Gaffelschonern aus Gloucester an. Die Kameradschaft, die Schufterei auf den Schiffen und in den Beifangdorys zogen ihn an wie später keine andere Arbeit mehr. Hayden lernte so auch Kapitalismus und Produktionsverhältnisse kennen: Zwei Cent erhielt die Crew für ein Pfund Fisch; bis mittags, wenn seine Mutter zum Einkauf kam, stieg der Preis auf elf.

Im Alter von 20 Jahren ging Hayden als Erster Offizier mit dem Schoner „Yankee" auf eine Weltumsegelung. Das Jahr darauf gewann die schnittige „Gertrude L. Thebaud" aus Gloucester gegen die seit Jahren übermächtige kanadische „Bluenose" beim „Fisherman's Cup". Navigator des Siegerschiffs: ein gewisser Sterling Hayden, 21. Kapitän war Ben Pine.

Die von 1920 bis 1937 ausgetragenen Wettkämpfe zwischen den kanadischen und amerikanischen Fischern galten als „Rennen für wirkliche Seeleute"; teilnahmeberechtigt waren ausschließlich Crews und Schoner aus dem tatsächlichen Fischeralltag. In Gloucester wurden die Heimkehrer begeistert gefeiert, besonders ein junger, blonder Seemann, 1,93 Meter groß. „Thebaud sailor like movie idol" stand unter dem Zeitungsfoto. Es war der Grundstein für Sterling Haydens Hollywood-Karriere. ➢

Der Reisende: Auch im Binnenland lebte Hayden am liebsten auf dem Wasser. Hier auf seinem Hausboot in Paris, 1970

Erst aber ergatterte er mit 22 Jahren sein erstes Kommando und segelte die Brigantine „Florence C. Robinson" 7000 Meilen im Sturm nach Tahiti. „Ich war im Himmel", notierte er in seiner Biografie, „ich dachte, so würde das Leben immer weitergehen." Zwei Einladungen zu Probeaufnahmen lehnte er ab, ein gerade mit einem Partner erworbenes Schiff war ihm wichtiger. Als es in einem Sturm vor Cape Hatteras leckschlug, überlegte er es sich anders. Paramount gab ihm einen Siebenjahresvertrag.

In seinem ersten Film, dem Drama „Virginia", fand er sich neben Fred MacMurray und dem englischen Star Madeleine Carroll. Die Arbeit fand er lächerlich überbezahlt und belanglos, weil sie nicht zu spüren war und sich niemand richtig scherte. Aber sie brachte Geld für ein neues Schiff, einen alten Schoner, für viele Schiffe – und aus der Affäre mit Miss Carroll wurde eine Ehe.

So viel über einen Mann, dessen Bücher „Wanderer" und „Voyage" immer noch Lektüre auf mancher Schiffspassage sind. Viele Interneteinträge künden davon. So auch der von Paul Watson, Gründer der Meeresschutzorganisation Sea Shepherd und Mitbegründer von Greenpeace (**mare** No. 111). In „Lessons Learned over Breakfast with Sterling Hayden" benennt er ihn als Vorbild. Abenteuer über Komfort zu stellen, Unsicherheit über Bequemlichkeit, Ideelles über Materielles, die größere Sache und die eigene Integrität über Reichtum und Schulterklopfen, das habe er von ihm gelernt.

18 Schiffe besaß Sterling Hayden im Lauf seines Lebens, vom Dreimastschoner bis zur Flussbarkasse

Watsons Lieblingsstelle aus „Wanderer", verkürzt übersetzt: „Eine wirkliche Reise, das ist etwas für Seeleute und die Wanderer der Welt, die sich nicht einfügen wollen oder können. Viele sagen: Ich wollte immer schon in die Südsee segeln, aber ich kann es mir nicht leisten. Solche Menschen sind gefangen im Krebsgeschwür der Sicherheit. Was braucht man wirklich? Jeden Tag etwas zu essen, etwas über dem Kopf, knappe zwei Meter, um sich niederzulegen, eine Arbeit, die Sinn macht. Das ist alles – in materieller Hinsicht, wir wissen das. Aber wir sind manipuliert, unter einer Pyramide von Verpflichtungen begraben, und die Jahre donnern vorbei. Dann liegen die Träume der Jugend verwelkt im Staub unserer Geduld, bald schon wird die Kammer versiegelt. Wo liegt die Antwort? In der Wahl, die man hat. Was soll es sein: Bankrott deiner Geldbörse oder Bankrott deines Lebens?"

Der Journalist Alf Mayer, Jahrgang 1952, lebt in Bad Soden am Taunus. Sterling Hayden begegnete ihm 1982 auf der Berlinale im Dokumentarfilm „Leuchtturm des Chaos". An Hayden gefällt ihm nicht nur die Freiheits-, sondern auch die Bücherliebe. „Die See und die Bücher sind beide aus Schweigen und Einsamkeit destilliert, Welten genug für jeden Mann", heißt es in „Wanderer". Und ebendort: „Wind ist für uns das, was Geld an Land bedeutet."

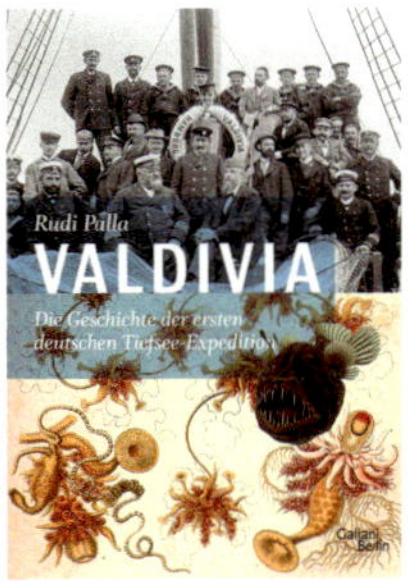

Rudi Palla:
„Valdivia.
Die Geschichte
der ersten deutschen
Tiefsee-Expedition“,
Galiani, Berlin, 2016,
224 Seiten, 28 Euro

Im Rausch der Tiefe

Kaiser Wilhelm II. ließ den Zoologen Carl Chun für viel Geld die Tiefsee erforschen. Ein wunderbar gestaltetes Buch zeugt jetzt davon

EIN KABEL LÄUTETE DAS UMDENKEN ein. Hinaufgezogen aus der Tiefe, klebten Spuren der aquatischen Fauna an dem Beweisstück. Sie deuteten darauf hin, dass man auch in diesen als lebensfeindlich geglaubten Regionen mit unbekannten Organismen zu rechnen hat. Ein regelrechter Wettbewerb brach nun unter den Nationen aus. Die Engländer holten als Erste allerlei Getier aus der ewigen Finsternis der Meere hinauf. Das U-Boot musste noch erfunden werden, weswegen das Abtauchen an Stahlseilen befestigte Netze übernahmen.

Die Ambitionen des deutschen Kaisers, der ohnehin die Kriegsflotte gegen den Rivalen England aufrüstete, ließen nicht lange auf sich warten. Gemeinsam mit dem Reichstag bewilligte Wilhelm II. ein Budget, das heute 1,9 Millionen Euro entsprechen würde. Mit 43 Mann Besatzung verließ der umgebaute Schraubendampfer „Valdivia“ im Sommer 1898 Hamburg Richtung Atlantik, ausgerüstet mit Laboren, Mikroskopier- und Konservierungsraum. Nicht zu vergessen den schiffseigenen Zeichner und Fotografen.

U-Boote gab es noch nicht. Die Wissenschaftler um Carl Chun arbeiteten mit Vertikalnetzen

Die Leitung übernahm Carl Chun, eine Koryphäe für Rippenquallen und ein Schreiber, der den Ausflug mit der Lizenz zur „Weltgeltung“ eifrig protokollierte. Denn den 4000 neuen Tierarten, die bereits das englische Team in die Annalen der Meeresforschung hineingeschrieben hatte, musste schließlich etwas entgegengesetzt werden.

Maritimer Widerstand erhob sich prompt. Als an der afrikanischen Nordwestküste Haie die „Valdivia“ umkreisten, schmückte Chun die Jagd nach den „Bestien“ dramatisch aus: „Nur mit Mühe gelingt es, die Mannschaft davon abzuhalten, dass das Tier durch Hiebe zerfleischt und vernichtet wird. Der Hai ist der geschworene Feind des Seemanns, und nie habe ich wildere Schimpfworte gehört, als sie dem gefesselten Beherrscher der Meere zuteilwurden.“

Rauschhafte Szenen wie diese waren offenbar mehr als willkommen. Die Übelkeit auf hoher See muss epidemisch gewesen sein. Während eines Ausflugs in der deutschen Kolonie Kamerun infizierten sich einige der Männer mit Malaria, die noch nicht einmal vor dem Schiffsarzt haltmachte. Seine Leiche fand ihre letzte Ruhe im Ozean.

Die Monotonie der Eisfelder am Südpolarmeer bekämpfte man mit Schneeballschlachten. Ablenkung bot auch die Suche nach der Bouvetinsel im Südatlantik, ein unbewohntes Vulkaneiland, das von anderen Kontinenten rekordverdächtig weit entfernt liegt.

Buckliger Angler heißt der *Melanocetus krechi* auf Deutsch. Gefangen wurde er vor Sansibar

Homolochunia valdiviae **wurde vor der Küste Ostafrikas gefangen**

Vampyroteuthis infernalis **nannte man den südlich des Äquators entdeckten Tintenfisch**

Die Ausbeute an Mitbringseln ließ sich bei der Rückkehr sehen: Schlangensterne, Bucklige Anglerfische und ein Tintenfisch mit Vampirgestalt begrüßten die Hamburger. Affen und Schildkröten bevölkerten das Deck. Auf Fotografien sieht man Matrosen auf deren Panzern ein Päuschen einlegen.

Die wissenschaftliche Nachbearbeitung zog sich bis 1940. Unzählige Bände summierten die Ergebnisse einer abenteuerlichen Fahrt. Über die Gräueltaten im belgischen Kongo, das auf der Route lag, verlor man indes kein Wort. Zeichnungen, Präparate und Postkarten runden das schön gestaltete Buch von Rudi Palla ab, das den Bogen von der Kolonialgeschichte bis zur Überfischung schlägt. Denn bei aller nostalgischen Aura steht fest: Das Team um Chun erlebte das Meer in einem Zustand, der heute nur noch unter „tempi passati" zu verbuchen ist.

Alexandra Wach

Cornelia Lüdecke:
„Deutsche in der Antarktis. Expeditionen und Forschungen vom Kaiserreich bis heute",
C. H. Links, Berlin, 2015,
224 Seiten, 207 Abbildungen,
30 Euro

Hitler und der Mauerfall im ewigen Eis

Mit wissenschaftlicher Akribie und Sinn fürs Erzählen: Cornelia Lüdeckes Buch „Deutsche in der Antarktis" fördert Spannendes zutage

GROSSES SCHAUERKINO: DER GRÖFAZ im ewigen Eis, in einer riesigen Antarktishöhle von Neu-Schwabenland. Per U-Boot via Buenos Aires nach Kriegsende 1945 hierher geflüchtet, würde er die Rückeroberung des Dritten Reiches, wenn nicht gar der ganzen Welt in Angriff nehmen – mithilfe von fliegenden Untertassen. Zum Glück wurde dann 1958 eine Atombombe gezündet, um den Nazispuk zu beenden. Ein Plot für einen nie gedrehten James-Bond-Film? Nein, ein handfestes Gerücht, das sich in den unwirtlichen, fast immer von Eis bedeckten Gegenden der Antarktis unter Walfängern und eigenbrötlerischen Forschern lange gehalten hat.

In ihrem informativen und großzügig bebilderten Buch „Deutsche in der Antarktis" geht die Meteorologin und Wissenschaftshistorikerin Cornelia Lüdecke auch dieser Schnurre nach, die zumindest einige Wirklichkeitssegmente besitzt. In der Tat hatten nämlich Amerikaner Ende der 1950er-Jahre Atombomben gezündet – freilich 2300 Kilometer von jenem Neu-Schwabenland entfernt, das inzwischen längst Königin-Maud-Land hieß. Auch eine Antarktisexpedition auf Befehl der Naziregierung hatte es gegeben, allerdings bereits 1938. Das verordnete Ziel der MS „Schwabenland": auf den Inseln im Südatlantik zu eruieren, ob man dort Walfang betreiben könne, um damit über Fette zu verfügen, die Deutschland im Rahmen von Görings „Fettplan" noch ein Stück autarker gemacht hätten.

Die heutige Neumayer-Station III

Die vorangegangenen Expeditionen von 1901 und 1911 hatten jedoch ungleich größere wissenschaftliche Resultate erbracht, auch wenn in beiden Fällen meutereiähnliche Vorkommnisse vertuscht werden mussten, um Kratzer am schönen Idealbild kaiserlich-deutschen Expeditionsethos zu vermeiden. Angesichts dieser Querelen im Eis – mitnichten politischer, eher individueller Konkurrenz-Natur – wird das trockene Resümee der ansonsten packend und farbig schreibenden Autorin plausibel. „Das Ziel der Forschung in der Antarktis muss in der Zukunft sein, die wissenschaftliche Ausbeute zu maximieren und den menschlichen Fußabdruck zu minimieren."

Aber eindringlich sind die Geschichten durchaus. Jene des weltweit ersten, westdeutschen Frauenforscherteams etwa, das im November 1989 von der Georg-von-Neumayer-Station aus seinen männlichen Ostkollegen in der Georg-Forster-Station einen Funkspruch übermittelte, der zumindest ideologisch das Eis schmelzen ließ. Im Tausende Kilometer entfernten Berlin war soeben die Mauer gefallen, nun würde sich dort ein neuer Erfahrungskontinent öffnen. Die darauffolgende Expedition darf man sich jedenfalls als ebenso spannungsgeladen vorstellen.

Marko Martin

Oliver Lück:
„Flaschenpostgeschichten. Von Menschen, ihren Briefen und der Ostsee“,
Rowohlt Taschenbuch, Reinbek, 2016, 240 Seiten, 9,99 Euro

Flaschen mit Wörtern drin

Die Flaschenpost wirkt aus der Zeit gefallen: langsam, zufällig und analog. Oliver Lück beschreibt die Menschen dahinter

„SCHJENE GRUESSE AUS RUSSLAND“, las Thomas im Betreff. Beinahe hätte der kleine, drahtige Mann die E-Mail gelöscht. Spamverdacht. Doch dann sah er die Zeilen: „Unglaublich. 10 Tage und Flasche ist schon in Russland!“ Gleich einer seiner ersten Versuche war geglückt: Die Strömung hatte seinen Brief im Januar 2007 von Rügen an die Kurische Nehrung getragen. Inzwischen ist Thomas Masloboy Experte für Flaschenpost: Mehr als 150 Sendungen hat er der Ostsee anvertraut.

„Flaschenpostgeschichten. Von Menschen, ihren Briefen und der Ostsee“, so lautet der Titel des jüngsten Reisebuchs von Oliver Lück. Monatelang umrundete der Autor in einem VW-Bus die Ostsee, um Geschichten zum Thema zu sammeln. Immer dabei: sein Hund Locke. Wer findet etwas? Wer schickt etwas? Was sind das für Menschen, und warum tun sie das? Die Reise des Journalisten wirkt wie aus der Zeit gefallen. Skypen? Der Autor will sein Gegenüber samt Umgebung mit allen Sinnen wahrnehmen. Das kostet, auch Zeit. Und bringt dem skurrilen Forscher Reisespaß und intensive Begegnungen, wie schon sein erstes Buch „Neues vom Nachbarn. 26 Länder, 26 Menschen“.

Unter anderem porträtierte er damals Biruta Kerve, eine Lettin, die am Strand lebt und vieles verwertet, was die Ostsee vor ihre Haustür spült. Darunter, so sagte sie, 35 „Flaschen mit Wörtern“, die sie nie beantwortet hat.

Hier beginnt das neue Buch des 1973 geborenen Oliver Lück. Der Autor verfolgt die 35 „Buddelbriefe“ der Lettin rückwärts: vom Empfänger zum Sender. Er schreibt unzählige Briefe und E-Mails und erreicht 20 der Briefeschreiber. Die sind teilweise selbst begeisterte Sammler, nennen ihm weitere Kontakte. So macht er sich auf den Weg und besucht einige dieser Menschen. Auch Thomas Masloboy, den Flaschenpostexperten von Rügen, der seine schwimmenden Briefkästen nur bei Sturm aus westlicher Richtung und in der 0,3 Liter Plastikflasche mit etwas Sand im Boden auf die ungewisse Reise schickt.

Um die Geschichte einer Flaschenpost zu Ende erzählen zu können, braucht es immer zwei Menschen. Thomas Masloboy sagt: „Dafür braucht man vor allem großes Glück.“ Mit mehr als 30 Antworten hat der akribische Tüftler eine hervorragende Rücklaufquote. „Meine Briefe verbinden mich mit Menschen, die ich eigentlich nicht kenne.“ Lück knüpft die scheinbar losen Beziehungen zu einem internationalen Netzwerk. Jeden Porträtierten verbindet eine Flaschenpostgeschichte mit einem der anderen, meist quer durch die Ostsee. Im Lauf der neun Kapitel – sie bestehen jeweils aus einer persönlichen Geschichte, einer Seekarte mit ozeanografisch belegter Rekonstruktion der Flaschenroute und einem Experteninterview – legt der Autor einen unsichtbaren Kosmos frei.

Der Kieler Archäologe Peter Scharstein formuliert es so: „Eine Flaschenpost treibt mit der Strömung der Flüsse und Meere, aber gegen den Strom der Zeit.“ Lück und Locke reisen bis in die russische Exklave Kaliningrad. Dort hat Wladimir Starowoitow vor Jahren eine Flaschenpost gefunden. Die hat er Natalia Baklachanowa gegeben, weil die einen Computer hat. In den Betreff der Antwortmail schrieb sie: „Schjene Gruesse aus Russland“.

Hans Wille

Ana Lilia Pérez:
„Kokainmeere. Die Wege des weltweiten Drogenhandels“,
aus dem Spanischen von Katrin Behringer und Birgit Weilguny, Pantheon, München, 2016, 320 Seiten, 14,99 Euro

Drogenflut

Eine todesmutige Mexikanerin schreibt über die Kokainmafia

SECHS TAGE BRAUCHTEN DIE BRITISCHEN Fahnder, bis sie endlich fündig wurden. Von oben bis unten hatten die Männer die Segelyacht „Louise“ durchsucht, als sie ein Geheimfach entdeckten. Darin enthalten: 1200 Kilo Kokain. Ein wichtiger Schlag gegen die Drogenmafia, sollte man denken. Und doch nur ein Tropfen auf den heißen Stein. Monate danach ging den Fahndern die nächste Yacht ins Netz. Diesmal an Bord: 1500 Kilo Kokain.

Der Kampf gegen die Drogenflut ist eine Sisyphusarbeit, wie die Journalistin Ana Lilia Pérez in ihrem neuen Buch „Kokainmeere“ klarstellt. Dabei ist der Titel durchaus wortwörtlich zu nehmen. Unzählige Schiffe kreuzen auf den Weltmeeren, um Waren und Menschen zu transportieren. Und nicht wenige von ihnen befördern Drogen um den Globus. Die vielen Funde auf Schiffen Richtung Großbritannien sind kaum verwunderlich: Mit London als globalem Finanzzentrum beherberge das Inselreich zugleich einen der größten Märkte für Drogen, schreibt Pérez. Allein 30 Tonnen Kokain zögen die britischen Süchtigen jedes Jahr durch ihre Nasen. Wie genau diese riesige Menge an illegalen Substanzen ihre Abnehmer erreicht, weiß außer den Schmugglern niemand ganz genau.

Ana Lilia Pérez, deren Heimat Mexiko zahlreiche Drogenfürsten hervorgebracht hat, hat schockierende Antworten auf diese Fragen gefunden. Akribisch beschreibt die mutige Autorin, wie die Drogenmafia ganze Häfen unter Kontrolle hält, Seeleute besticht und bedroht und die Ozeane der Welt in „Kokainmeere“ verwandelt.

Marc von Lüpke

Gustave Flaubert, Maxime Du Camp:
***„Über Felder und Strände. Eine Reise in die Bretagne"**,*
aus dem Französichen von Cornelia Hasting,
Dörlemann, Zürich, 2016,
480 Seiten, 35 Euro

„Süß und traurig ging es übers Meer"

Gustave Flaubert und Maxime Du Camp unternahmen in jungen Jahren eine Reise in die Bretagne. Und schrieben zusammen ein Buch

ZWEI JUNGE MÄNNER WANDERN VON Nantes bis zum Mont-Saint-Michel um die Bretagne. Drei Monate sind sie unterwegs und schreiben, sich von Kapitel zu Kapitel abwechselnd, über ihre Erlebnisse, Eindrücke und Gedanken. Im Sommer 1847 unternehmen der 26-jährige Gustave Flaubert und sein um ein Jahr jüngerer Freund Maxime Du Camp diese Reise. Beide stehen am Anfang einer Schriftstellerkarriere. Sie erzählen wie aus einer Feder. Später werden sie die Texte aufteilen und getrennt voneinander veröffentlichen.

Erstmals erscheint jetzt eine komplette deutschsprachige Ausgabe ihrer wiedervereinten Berichte. Die hier zitierten Stellen stammen aus dem seinerzeit von Flaubert veröffentlichten Teil. „Über Felder und Strände" geht es. Die noch Bretonisch sprechenden Menschen und die Natur, die wechselvolle Geschichte, die keltisch geprägte Kultur, armselige Unterkünfte und nur selten kulinarische Genüsse – alles wird mit literarischer Finesse notiert. Die Autoren nehmen ihre Leser als genießende Begleiter mit auf ihre Wanderung, die heute zu einer Zeitreise in die bretonische Vergangenheit führt.

„Wir gehen über den Strand, wo ein paar Boote ohne Masten noch Segelwerk ohnmächtig auf der Seite liegen, und steigen in den Kahn, der uns zur Île Dumet bringen soll. Man hisst die Fock, der Patron setzt sich ans Ruder, und wir ziehen los. Er war ein alter Seemann, der wenig redete und den Kurs nicht aus den Augen ließ. Wenn man ihn sah, ahnte man, dass er sein Leben auf etlichen Meeren und unter etlichen Sonnen geführt hatte, bevor er bei diesen kurzen, kleinen Fahrten des täglichen Fischfangs angelangt war."

In der Bretagne ist das Meer immer gegenwärtig. Nur manchmal verlassen die Freunde die abwechslungsreiche Küste. Die Orte haben ihre eigene Geschichte, die Kirchen ihre eigene, manchmal schwer zu erschließende Würde. Die Empfindungen der Autoren gehen über das Sichtbare hinaus. Am Scheitelpunkt ihrer Reise, in Le Conquet, sinnieren sie: „Hier endet die Welt. Dies ist ihr letzter Punkt, ihre äußerste Grenze; hinter einem liegt das ganze Europa, das ganze Asien, vor einem liegt das Meer, und zwar das ganze Meer. So groß die Entfernungen in unseren Augen auch sein mögen, sind sie nicht immer begrenzt, sobald wir ihr Ende kennen? Sieht man nicht jenseits des Ärmelkanals die Trottoirs von Brighton? Doch hier hält einen nichts mehr auf, schnell wie der Wind kann der Gedanke davoneilen und sich ausbreiten, umherschweifend, sich verlierend, trifft er nur auf Wellen, Wellen, am Ende dann das vage Amerika, vielleicht namenlose Inseln. So bevölkert und belebt der Geist unentwegt diese ihn ermüdende Unendlichkeit, um sie einzuschränken: Von der Wüste träumt man nicht ohne Karawanen, vom Ozean nicht ohne Schiffe, vom Schoß der Erde nicht ohne Schätze, die man darin vermutet."

Die Freunde nehmen sich Zeit, atmen ihre Freiheit und schreiben schon mit der Meisterschaft ihrer später berühmten Werke. Du Camp wird – nach einer wieder mit Flaubert unternommenen zweijährigen Reise nach Ägypten – in der von ihm geleiteten Zeitschrift „Revue de Paris" Flauberts „Madame Bovary" veröffentlichen. Ihre bretonischen Berichte lesen sich wie aus einem Guss: zwei Freunde, die sich verstehen, zwei literarische Geister, die Felder und Strände durchstreifen und ihren Impressionen und die durch sie ausgelösten Gedanken den schönsten Ausdruck verleihen. Vor der Überfahrt nach Quiberon schwelgen sie: „Unbesorgt über die steigende Flut zogen wir also dorthinaus: Wir hatten das Bedürfnis, unsere Freude bis zum Letzten auszukosten und sie ungetrübt zu genießen." Und dann, auf dem Boot: „Süß und traurig ging es übers Meer, so wie eine wirre Erinnerung flüchtig durch eine Seele zieht."

Harald Loch

Zwei Freunde reisen und schreiben gemeinsam: Gustave Flaubert (links) und Maxime Du Camp

Esther Freud:
„Mein Jahr mit Mr Mac“,
aus dem Englischen von
Anke und Eberhard Kreutzer,
Berlin Verlag, 2016,
368 Seiten, 22 Euro

Walberswicker Elegien

Zwei Außenseiter sind die Helden in Esther Freuds Roman. Der eine hat ein reales Vorbild: den genialen Designer Charles R. Mackintosh

DER MANN MIT DEM BLASSEN GEsicht sieht aus wie Sherlock Holmes. Filzhut, weites schwarzes Cape und eine Pfeife, an der er regelmäßig zieht. Bei Einbruch der Dunkelheit taucht er plötzlich auf, spaziert am Meer entlang, blickt sich immer wieder um, als werde er verfolgt. Im Dorf wird über ihn geklatscht, keiner weiß, was der Fremde, Architekt aus Glasgow, in Walberswick an der englischen Ostküste eigentlich zu suchen hat. Auch der junge Thomas Maggs ist neugierig, doch lässt er sich von dem seltsamen Gebaren des Schotten nicht abschrecken. Allmählich nähern sie sich aneinander an, beide auf ihre Art Sonderlinge, beide gehandicapt durch eine Behinderung, einen kaputten Fuß.

Esther Freuds „Mein Jahr mit Mr Mac“ ist das Porträt einer ungewöhnlichen, filigranen Freundschaft. Es geht aber auch viel um Malerei und Kunst – immerhin ist die englische Autorin die Tochter des Malers Lucian Freud. Ihr Debüt, „Marrakesch“, wurde mit Kate Winslet verfilmt. Auch bei dem neuen, mittlerweile achten Buch, das vor und nach Ausbruch des Ersten Weltkriegs spielt, denkt man schnell an eine Verfilmung, weil es die Banalitäten des Alltags ebenso plastisch schildert wie die Schrecken der Geschichte. Das Dorf Walberswick in Suffolk wird zum Mikrokosmos, der persönliches Leid und nationale Tragödie – immer wieder erfahren wir vom Tod britischer Soldaten – quasi kondensiert. Behutsam und ohne Sentimentalität schildert Esther Freud das Geschehen aus der Perspektive des 13-jährigen Thomas. Wenn er und Mackintosh irgendwann ziemlich gute Freunde werden, gelingt es der Autorin, die Zartheit der Beziehung aufrechtzuhalten, anstatt übertriebene Kumpelbande zu inszenieren.

Thomas, der eigentlich zur See fahren möchte, aber aufgrund seines verdrehten Fußes an Land bleiben muss, findet in Mackintosh einen Förderer. Denn der Schotte malt leidenschaftlich gern, ebenso wie seine Frau mit dem dicken roten Haar. Von seinem Vater bekommt Thomas, der heimlich Schiffe zeichnet, keine Unterstützung – William Maggs, Inhaber eines der beiden Pubs von Walberswick, ist ein aggressiver Trunkenbold. Dafür erkennt Mackintosh schnell die Begabung des Jungen, gibt ihm Tipps, schenkt ihm Farben, nimmt ihn mit auf seine Spaziergänge. Bei ihm und seiner Frau findet Thomas die Geborgenheit, die er zu Hause vermisst, wo sein Vater die Familie mit Wut- und Gewaltausbrüchen drangsaliert.

Doch eines Tages, der Erste Weltkrieg ist längst ausgebrochen, wird der Schotte verhaftet – der ewige Eigenbrötler steht unter dem Verdacht, ein Spion des Feindes zu sein. Und für Thomas gerät eine Welt, die er sich mühsam zusammengezimmert hat, aus den Fugen.

Die Figur des Mr Mac hat ein reales Vorbild: Charles Rennie Mackintosh, schottischer Architekt, Designer und Maler, der tatsächlich eine Zeitlang in Walberswick gelebt hat. 1928 starb er, verarmt und krank, in London. Ihm hat Esther Freud in ihrem subtilen Roman ein Denkmal gesetzt. Aber auch dem fiktiven Thomas Maggs: ein Unterschichtenkind, das kaum eine Chance, aber eine Menge Talent hat. Seine einzige Chance ist Mr Mac.

Franziska Wolffheim

Derek Meister:
„Die Sandwitwe“,
Blanvalet, München,
2016, 384 Seiten,
9,99 Euro

Sand als Waffe

Derek Meisters Thriller spielt an der nordfriesischen Küste

KNABBERNDE KRABBEN UND EIN DAckel kriechen über die Leiche. In der Kehle hat sie Wunden, geschnitten wie Kiemen. Der Dackel, begeistert über sein verwesendes Strandgut, wird von der Leine zurückgehalten. Die Krabben bewegen sich weiterhin in und auf der Frau, die erste Ermordete für den 29-jährigen Polizeichef-Rookie. Das passierte in „Der Jungfrauenmacher“. Im zweiten Thriller „Die Sandwitwe“ werden Leute mit nassem Sand gefüllt, bis sie ersticken. Der Killer platziert kindliche Sandtürmchen in den Häusern, eine Drohung. Nicht Oslo, Kopenhagen oder Ystad; die erfolgreiche skandinavische Grausamkeit hat den Weg zur Küste Nordfrieslands gefunden.

Derek Meister, Jahrgang 1973, lebt am Steinhuder Meer, hat Film- und Fernsehdramaturgie studiert und schreibt Serien und historische Romane. Seine Thrillerkreation verzichtet auf das Depressive, Autistische der Vorbilder. Der junge Revierleiter Knut Jansen ist zuständig für zwei neidische ältere Polizisten, die auf ihn fixierte Sekretärin und alle Knöllchen des fiktionalen Kurörtchens Valandsiel bei Husum. Um sich zu entspannen, schießt er auf Bierflaschen und Möwen. In diese Sylt-Krimi-artigen Beschaulichkeiten bringen vier Dinge Bewegung. Erstens: psychopathische Killer. Zweitens: Jansens Plastiksheriffstern, der ihn an unerreichte Vorbilder mahnt. Drittens: Helen Henning, früher beim FBI in Seattle, jetzt samt Unterschenkelprothese und Fachwissen zurück in ihrem Geburtsort. Viertens: Sand als Waffe, nicht als Background für sommerliche Pigmentierung.

Jutta Vahrson

An dieser Stelle berichtet **mare** *regelmäßig über neue Bücher aus seinem Verlagsprogramm*

Hinter den Kulissen der Einsamkeit

Der Musikwissenschaftler und Frankreich-Spezialist Jens Rosteck über das facettenreiche Leben des Ausnahmekünstlers Jacques Brel

ICH WAR EIN WENIG ZU FRÜH DRAN, als ich Anfang der Achtziger in einem heruntergekommenen Pariser Programmkino nahe der Place de la Contrescarpe den abgedunkelten Vorführsaal betrat. Dort liefen noch die letzten Minuten des Vorgängerfilms, auf die ich mir zunächst keinen Reim machen konnte und die sich mir dennoch für alle Zeiten einprägen sollten: Was ich zunächst wahrnahm und danach immer deutlicher sah, war eine gigantische nordische Wattlandschaft in der Dämmerung. Keine Seele weit und breit, keine Handlung. Mittendrin nur ein einzelner trauriger Mann mittleren Alters in Anzug und Krawatte. Ein Mann mit desillusionierter Miene, der sich soeben anschickte, seinem Dasein ein Ende zu setzen. Ein Mann, der ins Wasser ging.

Mit grimmiger Entschlossenheit und in voller Montur schritt er vom menschenleeren Strand her aufs Meer zu, zwei Koffer in den Händen. Einen davon öffnete er und entließ, von Wagners „Lohengrin"-Vorspiel akustisch umtost, einige Tauben in die Freiheit. Er entledigte sich seiner Jacke, legte Ballast ab. Die Flut nahte, die ersten Wellen zogen ihm fast den Boden unter den Füßen weg. Unbeirrt stapfte er weiter und sackte tief im Sand ein, als setzten ihm Nässe und Kälte nicht zu. Fing sogar an zu rennen, als schrecke ihn der Gedanke an den bevorstehenden Tod keineswegs. Sein Gepäck ließ er am Ende einfach zurück. Er ließ zu, dass sich der Ozean seiner Habe bemächtigte.

Zuletzt vertraute er seinen in den Käfig einer bürgerlichen Uniform gezwängten Körper, seine Emotionen, seine Existenz einem stärkeren Element an. Nichts Auswegloses haftete seinen Gesten an; es ging etwas Tapferes, ja zusehends Heiteres von ihm aus, als er sich allmählich von den Wogen verschlucken ließ. Dieser Mensch, so spürte man deutlich, wusste, was er tat. Würdevoll und gelassen warf er sein Leben über Bord; seine Bewegungen wirkten souverän. Alles vollzog sich langsam und präzise zugleich – das Straucheln, der Untergang, die freudig herbeigeführte Selbstvernichtung.

Erst als sich die Kamera, die ihn aus der Meeresperspektive in den Blick genommen hatte, zögerlich von ihm entfernte, einen Schwenk über die Dünen vollführte und ihn, als winziges Pünktchen inmitten der gewaltigen Wassermassen, schließlich gänzlich aus den Augen verlor, dämmerte mir, als der Abspann lief, wem ich soeben auf der Leinwand beim Sterben zugesehen hatte – dem magischen Chansonnier Jacques Brel. Dem legendären Bühnenhypnotiseur, der stets die Massen in seinen Bann zog. Dem Entfessler widersprüchlicher Gefühle, der unablässig Lethargie, Bequemlichkeit und Passivität anprangerte. Der seine Zuhörer fast mit Gewalt aus ihren Sitzreihen herausriss, indem er an ihre Herzen und Seelen rührte. Dem ewigen Provokateur mit seinen wilden Balladen und zornigen Hymnen. Dem Weltreisenden mit seinen anrührenden Inselliedern.

Jens Rosteck:
„Brel. Der Mann, der eine Insel war",
240 Seiten, 24 Euro

Und ausgerechnet dieses eindringliche, verstörende Bild von Brel, auf das ich nicht vorbereitet gewesen war und das mich heute noch verfolgt, prägt seitdem meine Vorstellung von ihm: die intime Schlussszene seines Filmes „Franz", in der Ausgeliefertsein und Meeressehnsucht, Verletzbarkeit und Zärtlichkeit eine untrennbare Einheit bilden.

Damals konnte ich noch nicht wissen, dass ich selbst in Frankreich dauerhaft meine Zelte aufschlagen und mich seiner Musik ausliefern würde. Brel begegnete mir dabei auf Schritt und Tritt. Seine ergreifenden Chansons und die von ihnen ausgehende Energie waren allgegenwärtig. Bald wurde mir klar, dass ich mich dem Segler und Piloten Brel, dem Regisseur und dem Aussteiger Brel, dem ruhelosen Nomaden, Südsee-Eremiten und Robinson Brel nur dann wirklich annähern konnte, wenn ich den Mut aufbrachte, hinter die Kulissen seiner Einsamkeit zu blicken.

„Auf Zehenspitzen leben", von Verzweiflung frei, das war eine seiner Maximen. Voller Behutsamkeit habe ich mich daher beim Schreiben meines Buches an das Dasein dieses Mannes herangewagt, der vor Publikum so manchen Orkan entfachte, im Grunde aber davon überzeugt war, dass unsere Existenz auf Erden eine einzige Zumutung darstellt.

Jens Rosteck

Paul Theroux:
„Hotel Honolulu“,
aus dem Amerikanischen von Theda Krohm-Linke, Hoffmann und Campe, Hamburg, 2016, 528 Seiten, 24 Euro

Düster und schwül

Handwerklich perfekt: Paul Theroux im „Hotel Honolulu“

WAS MACHT EIN AUTOR MIT EINER Attacke von Schreibblockade? Er wird Hotelmanager in Hawaii. Der Reiseschriftsteller Paul Theroux jedenfalls schickt den Icherzähler ins „Hotel Honolulu“. Man muss kein polynesischer Schamane sein, um im Erzähler den Autor teilweise zu erkennen. Jahrzehntelang lebte Theroux auf Hawaii. Die Absteige, die der im Roman Gestrandete führt, hat 80 abgewohnte Zimmer, 80 Gäste, 80 Geschichten. Und das, obwohl sich der Schreiber vorgenommen hatte, nicht zu schreiben. Paul Theroux jedenfalls hat immer geschrieben, über 30 Bücher hat er geschafft. Da gab es eine Reise von den USA nach Argentinien. Einmal reiste er rund ums Mittelmeer. Er war eng befreundet mit Bruce Chatwin und bald eng verfeindet. „Hotel Honolulu“ führt uns nicht in das bunte Hawaii der Surfer, es zeigt das verregnete. Der Grundton ist trübe-tragisch. Und schwül und sexuell; verschwitzte und verklebte Menschen. Bald ist der Erzähler nicht mehr allein, seine Tochter nennt er Rose. Weil seine junge Inselliebe Sweetie eine uneheliche Nachfahrin von J. F. K. sei.

Theroux beherrscht sein Handwerk. Die Dialoge sind perfekt. Verlorene Charaktere, die in der Hitze trinken und vögeln und über Hotelflure huschen. Und morden. So geht es mit Cliffhängern von Zimmer zu Zimmer, immer in klarer Sprache, eine Folge von Short Stories. Grundthema ist die Suche nach Sex, verbrämt als Sehnsucht nach Leben. Es stimmt schon: Da erschreibt sich wieder einmal ein alter weißer Mann die Welt. Und doch: Man folgt ihm neugierig von Zimmer zu Zimmer.

Barbara Schaefer

Hélène Grimaud:
„Water“,
Deutsche Grammophon, 2016, 68:19 Minuten

Die Magie des Wassers

Ein gefluteter Hallenboden im Dunkeln, in der Mitte ein Konzertflügel, daran die Pianistin Hélène Grimaud: ein Hörerlebnis für Neugierige

ES SCHEINT, ALS GLEITE DER SCHWARze Konzertflügel wie ein Ozeanriese über die spiegelglatte See. Die Pianistin, deren Finger über die Tasten segeln, muss jeden Moment mit nassen Füßen rechnen. So etwas kann man wohl nur bei einem Auftritt der französischen Ausnahmemusikerin Hélène Grimaud erleben, zum Beispiel 2015 in der New Yorker Wade Thompson Drill Hall. Dafür hat der schottische Künstler Douglas Gordon den Hallenboden aufwendig abdichten lassen, ihn geflutet und so eine 5000 Quadratmeter große Wasserfläche geschaffen. In der Mitte saß, in fast kompletter Dunkelheit, die Pianistin und spielte – ein experimentelles Musikerlebnis, fast wie eine musizierende Skulptur. Passend dazu ist jetzt Hélène Grimauds CD „Water“ erschienen, eine Liveaufnahme im Rahmen dieser Installation. Zu hören sind acht Werke aus unterschiedlichen Epochen, die auf den ersten Blick nicht unbedingt zueinanderpassen. Von Franz Liszt bis Luciano Berio sind sehr verschiedene Stile vertreten. Was sie eint, ist das Thema Wasser.

Ob es peitscht, rauscht, perlt, sich schlängelt, ob es sprudelt, nebelt, schneit, strömt, tröpfelt, gluckst oder tobt – schon immer war dieses geheimnisvolle Element in all seinen Erscheinungsformen für Künstler ein Quell der Inspiration. „Und selbst wenn einige Komponisten es vielleicht nicht ganz so eindeutig beabsichtigt haben, wie es scheint, schwingen in ihren Stücken große Gefühle von Wasser und Meer mit“, begründet Hélène Grimaud ihre Auswahl. Verbunden sind die Stücke jeweils mit Überleitungen, den „Water Transitions“ des britisch-indischen Komponisten und DJs Nitin Sawhney. Das hört sich fremd an, unerhört, wie wankende Klangbrücken zwischen den Wasserwelten. Doch genau darin liegt das neue Hörerlebnis: Man kann hineingleiten in ein anderes Bewusstsein von Wasser. Für Hélène Grimaud geht es dabei auch um ein „schlüssiges musikalisches Ökosystem“, wie sie es beschreibt.

Von Berios „Wasserklavier“ über Ravels „Jeux d'eau“ oder Takemitsus „Rain Tree Sketch“ bis zu „Les jeux d'eau à la Villa d'Este“ von Liszt und „La Cathédrale engloutie“ von Debussy – man kann natürlich fachsimpelnd darüber streiten, ob man diese Stücke in einem Fluss präsentieren darf. Doch genau darin liegt der Reiz. Denn Wasser ist alles: gefährlicher Fall, undurchsichtiger Nebel, mitreißender Strom – eben das ganze Leben. Und so sollte man sich trauen, die gängigen Hörerfahrungen für eine CD lang über Bord zu werfen und sich hineinstürzen in diese überschwappenden Klangwellen.

Es wundert nicht, dass Grimaud, die sich neben der Musik auch immer für die Erhaltung und den Schutz der Natur stark gemacht hat, ihr neues Album dem Wasser widmet. Schon als kleines Mädchen war sie „sofort total fasziniert von der Stimme des Meeres – ein magischer Moment“, wie sie berichtet. „Die Stimme des Meeres hat für mich seitdem etwas Hypnotisches. Man kann das Meer hören, bevor man es sieht. Erst gibt es diesen speziellen Sound, dann das dazu passende Bild, wenn die Wellen den Strand benetzen. Das hat etwas sehr Organisches, etwas Rhythmisches, ein Pulsieren. Dem habe ich mich nie mehr entziehen können.“

Martina Hinz

„Im Meer der Ruhe“,
Benefiz-CD der Krebsberatungsstelle bei der Arbeiterwohlfahrt,
75 Minuten.
Gegen eine Spende von 12 Euro zu beziehen beim
kreisverband-ploen@awo-sh.de

Meer statt Wiese

Auf Wunsch von Krebskranken entstanden: maritime Fantasiereisen als Entspannungs-CDs mit Kompositionen eines liberianischen Musikers

WELLEN SCHLAGEN SANFT ANS UFER, Seevögel zwitschern, und in das Wasserplätschern hinein beginnt die Sprecherin mit den Anleitungen für eine „Fantasiereise“ am Meer. „Du legst dich bequem zurecht ... dein Atem geht langsam und tief ... alles Äußere wird unwichtig.“

Fantasiereisen sind wie Autogenes Training und Progressive Muskelrelaxation beliebte therapeutische Methoden, die zum Stressabbau eingesetzt werden. Sie können dabei helfen, mit belastenden Situationen besser fertigzuwerden, das kann beispielsweise Prüfungsangst sein, chronische Erschöpfung oder aber eine schwere Krankheit wie Krebs.

„Diese CD ist auf Wunsch von Krebskranken entstanden“, erzählt Monika Weiher. „Fantasiereisen ans Meer werden von ihnen und ihren Angehörigen als am schönsten empfunden. Sie wollen diese ‚Reisen‘ mit nach Hause nehmen und auch anderen zugänglich machen.“ Die Sozialpädagogin leitet die Krebsberatungsstelle bei der Arbeiterwohlfahrt (AWO) im Kreisverband Plön. Einmal die Woche treffen sich dort Krebskranke und ihre Angehörigen und Freunde, um zusammen Yoga, Tai-Chi oder Qigong zu praktizieren. Leichtes Bewegungstraining wird Krebskranken nach Möglichkeit auch von Ärzten empfohlen, da es Patienten während oder nach ihrer Therapie unterstützen kann.

Das gilt ebenso für Entspannungstechniken wie eben jene Fantasiereisen, die Monika Weiher in der AWO-Selbsthilfegruppe „Gemeinsam gesunden“ anbietet. Derartige Hörerlebnisse können dazu beitragen, innere Kräfte zu mobilisieren. Die Idee, dafür das Meer statt der klassischen „grünen Wiese“ zu wählen, kam der Sozialpädagogin während eines Urlaubs im meerumschlungenen Skagen, dem Nordzipfel Dänemarks. Aber auch sonst fühlt sich Weiher dem Meer verbunden, ihrem Namen zum Trotz. Sie ist an der Nordsee aufgewachsen, wo sie früher von Mai bis Mitte Oktober möglichst täglich badete, und dieses lieb gewonnene Ritual hält sie nun auch in der Ostsee bei, wann immer sich die Gelegenheit dazu ergibt.

Für die Aufnahme einer CD mit Fantasiereisen am Meer konnte sie Ernest Clinton gewinnen. Der ursprünglich aus dem liberianischen Monrovia stammende Gitarrist und Sänger (in den 1970er-Jahren stürmte seine Band Soulful Dynamics mit „Mademoiselle Ninette“ die deutsche Hitparade) komponierte dafür Sphärenklänge am Synthesizer, sang auch selbst dazu und nahm das Ganze in seinem Tonstudio in Laboe auf, also an der Kieler Förde. Weiher schrieb und sprach die Texte, eine Grafikerin gestaltete ein Booklet.

Alle Beteiligten haben dies ehrenamtlich getan, für die Produktion der CD warben sie Spendengelder ein. So entstanden drei Fantasiereisen, die sie „Dünenträume“, „Meereslicht“ und „Meereswesen“ nannten. Man darf nicht zu viel Meeresrauschen darauf erwarten, aber das Meer entsteht ja auch im Kopf. Die CD ist nicht zum „passiven“ Anhören gedacht, sondern dient als akustischer Hintergrund, um sich in entspannter Ruhelage mit der eigenen Vorstellungswelt zu befassen. Mit den inneren Bildern, die man im Zustand tiefster Versunkenheit aus der Imagination empfängt.

Monika Rößiger

Im Netz

www.plastikfrei-wird-trend.de/

„Plastikfrei wird Trend“ ist eine Initiative, die sich starkmacht gegen die alltägliche Plastikflut, vor allem am Meer. Den Initiatoren des Projekts geht es neben der Verbreitung von Informationen und damit der Sensibilisierung für dieses Thema vor allem darum, plastikfreie Alternativen in vielen Bereichen des täglichen Lebens durchsetzen zu können. 2016 startet das Projekt in der ersten Phase mit einer Modellregion auf der nordfriesischen Insel Föhr und auf Hallig Hooge. Auf der Website und dem dazugehörigen Blog werden gemeinsame Aktionen angekündigt.

Wiebke Böse

Im Deckchair

Ein persönlicher Tipp von Katja Scholtz, Programmleiterin Buch im mareverlag

Frank Goosen:
„Förster, mein Förster“,
Kiepenheuer & Witsch,
336 Seiten, 17,99 Euro

„Das Meer, Förster, das Meer! Wo das Meer ist, geht immer die Post ab.“ Monika muss es wissen, sie ist auf den Äußeren Hebriden unterwegs, während Förster zu Hause sitzt und auf eine Idee für seinen neuen Roman wartet. Und auf Monikas Rückkehr. Glücklicherweise sorgen ein zugelaufener Hamster namens Edward Cullen, Försters Kumpel, seine debile Nachbarin und Expolizist Dreffke für Ablenkung – und kurz vor Försters 50. auch für einen Plan: eine Spritztour zur Ostsee. Am liebsten möchte man sich zu dieser skurrilen kleinen Schicksals- und Zufallsgemeinschaft mit in den Bulli setzen, so hinreißend sind diese Figuren, so lustig und klug der neue Roman von Frank Goosen, der wie kein Zweiter den Sound und das Lebensgefühl des Ruhrgebiets wiedergeben kann. Und der schönste Dialog über den Unterschied zwischen Nord- und Ostsee, den ich je gelesen habe, findet sich auf Seite 293.

BESTE FREUNDE

1865 erschuf der Apotheker James Lofthouse im englischen Fleetwood eine Mixtur aus Lakritz, Eukalyptus und Menthol und nannte sie „Fisherman's Friend". Die Hustenpastillen, eigentlich nur für die lokalen Fischer gedacht, machten unverhofft Weltkarriere

Von Andrea Walter

Über Generationen lebte man in Fleetwood vom Fischfang – bis in den 1970er-Jahren der Einbruch kam

DIES IST DIE GESCHICHTE eines langen Atems. Sie handelt von einem Träumer und einem Apotheker, vom Kalten Krieg, von Helden und von Husten. Und sie spielt an einem windigen Zipfel der Küste Lancashires im Nordwesten Englands. Dort, wo die Stürme wissen, wie man wütet, und die Menschen, wie es ist, eine Hassliebe zu spüren. Für die See, die sie stets nährte und ihnen nahm, was sie liebten. Die Geschichte beginnt mit einem Kaninchenhügel.

Das heißt, sie könnte auch mit den beigefarbenen Fabrikhallen beginnen, die kurz hinter dem Ortseingang von Fleetwood stehen. Rot und in riesenhafter Schrift steht „Fisherman's Friend" darauf geschrieben. Hier in der 26 000 Einwohner zählenden Stadt am Meer werden die Lutschpastillen hergestellt, die fast jeder kennt, weil sie weltweit in rund 120 Ländern verkauft werden. Zu den Hallen jedoch bekommt man keinen Zutritt. Und auch an die Firmeninhaber kommt man kaum heran. Zu Interviews sagen sie meist das gleiche, wie zu den regelmäßig hereinflatternden Übernahmeangeboten von Lebensmittelgiganten: „Nein."

Man muss also einen anderen Weg gehen, um zu begreifen, wie es zu dem Erfolg der berühmten Hustenbonbons kam. Man muss gut 150 Jahre zurückgehen. Damals lebte in der Stadt ein Mann namens James Lofthouse. Er stammte aus Lancaster und war ins 40 Kilometer entfernte Fleetwood gezogen, um an der Hauptstraße, Lord Street/Ecke Preston Street, eine Apotheke zu eröffnen. Hier tüftelte er 1865 an einer Tinktur aus Lakritz, Eukalyptus und Menthol. Er wollte Fischern helfen, die mit schmerzenden Bronchien von der See zurückkamen.

Dazu muss man dreierlei wissen: Erstens waren die Apotheker jener Zeit die Ärzte der kleinen Leute. Krankenversicherungen gab es nicht. Wer sich den Besuch beim Doktor nicht leisten konnte, ging in die Apotheke und ließ sich ein Mittelchen brauen. Selbst Zähne zogen die Apotheker von damals. Zweitens war Fleetwood gerade erst gegründet worden. Lofthouse war einer der ersten Apotheker in der Stadt.

Noch 30 Jahre zuvor gab es an dem Küstenabschnitt nicht viel. Weite Sandflächen voller Seevögel, ein paar Fischerhütten und einen Sandhügel, an dem ein Mann aus der Umgebung Kaninchen jagte. Doch dann kam einer, der das Land erbte und in eine geschäftige Kleinstadt verwandelte: Peter Hesketh, ein gut aussehender Dandy, steinreich, High Sheriff der Grafschaft Lancashire, Abgeordneter in Preston und Nachfahre der angesehenen Familie Fleetwood. Seine Urlaube verbrachte er gern in den Seebädern Südenglands. Doch anders als viele in seinen Kreisen bemerkte er, dass es zwei Welten gab – seine, die privilegiert war, und eine voller Armut und Elend.

Es war die Zeit der Industriellen Revolution. Aus den Schloten der Baumwollfabriken von Lancashire drang schwarzer

Rechts **„Fisherman's Friend" war ursprünglich flüssig**

Unten **Die Lofthouse-Apotheke, in der James Lofthouse die Hustenpastillen erfand**

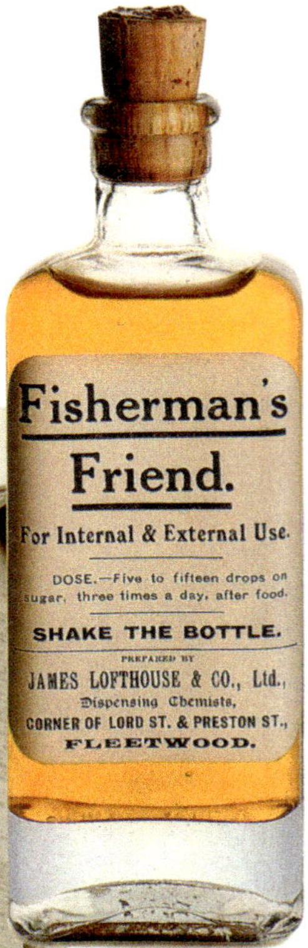

Rauch. Hesketh fand, dass es jedem möglich sein sollte, sich an der Seeluft zu erholen. So begann sein Traum vom ersten Seebad für die Arbeiterklasse.

Und die Zeichen standen gut. Die Dampflok kam. Im ganzen Land wurden Eisenbahnstrecken gebaut. Hesketh sorgte für den Anschluss Fleetwoods. Und einen Hafen sollte es geben. In seinem Seebad, dachte Hesketh, könnte Handel betrieben werden, und Reisende könnten von hier aus in Schiffe nach Schottland steigen.

Hesketh' Freund Decimus Burton, Sohn eines berühmten Architekten, setzte sich an den Zeichentisch und entwarf die neue Stadt – mit breiten Straßen, die sternförmig vom alten Kaninchenhügel abgingen. Er plante eine chinesische Pagode, das elegante „North Euston Hotel", einen Hafen und zwei Leuchttürme.

Doch kaum hatte man der Stadt Leben eingehaucht, kaum kamen die ersten Arbeiter zur Sommerfrische, ging es wieder bergab. Hesketh ging das Geld aus, immer wieder standen Bauarbeiten still. Außerdem wurde die Eisenbahnstrecke bis nach Schottland ausgebaut, was man wenige Jahre zuvor noch für unmöglich hielt. Fleetwood als Transithafen hatte sich erledigt und drohte wieder einzuschlafen.

Es war die Fischerei, die den Ort damals rettete. Punkt drei, weshalb ein Apotheker überhaupt eine Tinktur gegen den Husten der Seemänner erfand. Seit Generationen hatten Menschen in der Gegend gefischt, doch die Bahnanbindung und der neue Hafen brachten das Geschäft in Gang. Plötzlich konnte die Muschel- und Krabbenernte schneller transportiert werden. Plötzlich segelte man immer weiter hinaus und fing Kabeljau, Seehecht, Rochen, Dornhai. Es muss eine Art Goldgräberstimmung geherrscht haben, als Lofthouse das Hustenmittel erfand.

Ende des 19. Jahrhunderts kamen die Dampfschiffe. Die Bahn karrte Kohle herbei und verteilte den Fisch im Land. Die Stadt an der Westküste wuchs und wurde zum drittgrößten Fischereihafen Großbritanniens. Die Fischer wurden die Helden der Stadt. Bei eisiger Kälte holten sie in den nordischen Gewässern die Netze an Bord. Unzählige Männer nahm das Meer gleich mit. Und noch etwas drohte dort oben: das Eis.

Es ist also kein Wunder, dass sie etwas für ihre Bronchien brauchten. Und die Tinktur von Lofthouse kam gerade recht. Sie wärmte die Kehle, fast wie Whisky, und pustete die Atemwege frei. Es gab nur ein Problem: Die Glasfläschchen, in die der Apotheker sein Mittelchen füllte, gingen bei den Stürmen auf hoher See allzu leicht zu Bruch. Lofthouse veränderte die Rezeptur, verdickte die Tinktur zu einer Art Teig, aus dem er Pastillen stanzte. Diese füllte er in Gläser und verkaufte sie lose. So kam es, dass die Fischer anfingen, „eine Unze ihrer Freunde" zu bestellen. Lofthouse nannte seine Pastillen „Fisherman's Friend".

Lord Street/Ecke Preston Street in Fleetwood, 1898. Rechts am Bildrand sieht man die Lofthouse-Apotheke

Knapp 100 Jahre lang waren die Hustenbonbons ein lokales Produkt – ähnlich wie „Bull's Blood" und andere. Jeder Apotheker in der Gegend braute etwas für die Bronchien. Doch ausgerechnet Lofthouse' Pastillen wurden berühmt. Wieso? Dafür müssen wir in die 1960er-Jahre springen.

Es muss eine der schönsten Zeiten gewesen sein, die Fleetwood je erlebte. Die Trawler fuhren jetzt mit Diesel. Einer nach dem anderen stach in See. Und wenn sie zurückkamen, platzten die Docks fast vor Leben. Für jeden Mann an Bord arbeiteten zehn an Land. Schauerleute, Filetierer, Netzmacher, Mechaniker, Händler.

Es war das Jahr 1963, im Winter, und Doreen Lofthouse war langweilig. Schön wie ein Filmstar war die Frau aus Fleetwood, die den Apotheker Allen Lofthouse geheiratet hatte, in dessen Familie man das Rezept für die Pastillen immer weitergab. Im Sommer arbeitete Doreen in einem Shop neben der Fähre und verkaufte die Bonbons an Touristen aus der Umgebung. Diese schrieben im Winter Briefe, fragten darin, ob sie die Pastillen auch bei sich in der Nähe kaufen konnten. Und Doreen erkannte die Chance. Sie belud den Apotheken-Van mit „Fisherman's Friends" und suchte in der Nähe der Briefeschreiber nach Läden, die sie verkauften.

Bald schon kamen mehr Briefe und mehr Bestellungen. Die Lofthouses gründeten ein Unternehmen, das sie Lofthouse of Fleetwood Ltd. nannten, und füllten die Pastillen eigenhändig in Papierverpackungen. Doreens Schwägerin beschriftete sie per Schreibmaschine – in schwarz und in rot, um das Band gleichmäßig abzunutzen. Wieder stiegen die Anfragen. Die Lofthouses verlagerten die Produktion ins alte Dampflokdepot und fragten den Besitzer eines örtlichen Trawlers, der „Cevic", ob sie das Bild seines Schiffes als Logo verwenden dürften.

Der Erfolg von „Fisherman's Friend" war nun nicht mehr aufzuhalten. 1972 baute die Familie eine Fabrik am Stadtrand, wo sie bis heute sitzt. 1974 ging die erste Ladung der Pastillen nach Norwegen, 1977 nach Deutschland, dem bis heute größten Markt. Zwischendrin, es war das Jahr 1976, heiratete Doreen Lofthouse Tony Lofthouse – den heutigen Firmenchef und Neffen von Allen, von dem sie sich hatte scheiden lassen. „Ich schätze, das ist etwas ungewöhnlich", sagte Tony einmal gegenüber der britischen Presse. Und Stiefsohn Duncan, Sohn von Allen: „Es war alles sehr freundschaftlich."

Im Nordatlantik aber braute sich damals ein Unglück zusammen, das schlimmste in der Geschichte Fleetwoods: die Kabeljaukriege. Island weitete 1972 seine Fischereigrenzen auf 50 Meilen aus – die Engländer fischten trotzdem in der Zone, eskortiert von der Navy. Doch die Isländer griffen an. Sie fuhren mit schnellen Booten vor und kappten ihre Netze. Es war ein unblutiger Krieg – aber ein verheerender. 1975 dehnte Island sein Gebiet schließlich auf 200 Meilen aus und drohte zugleich

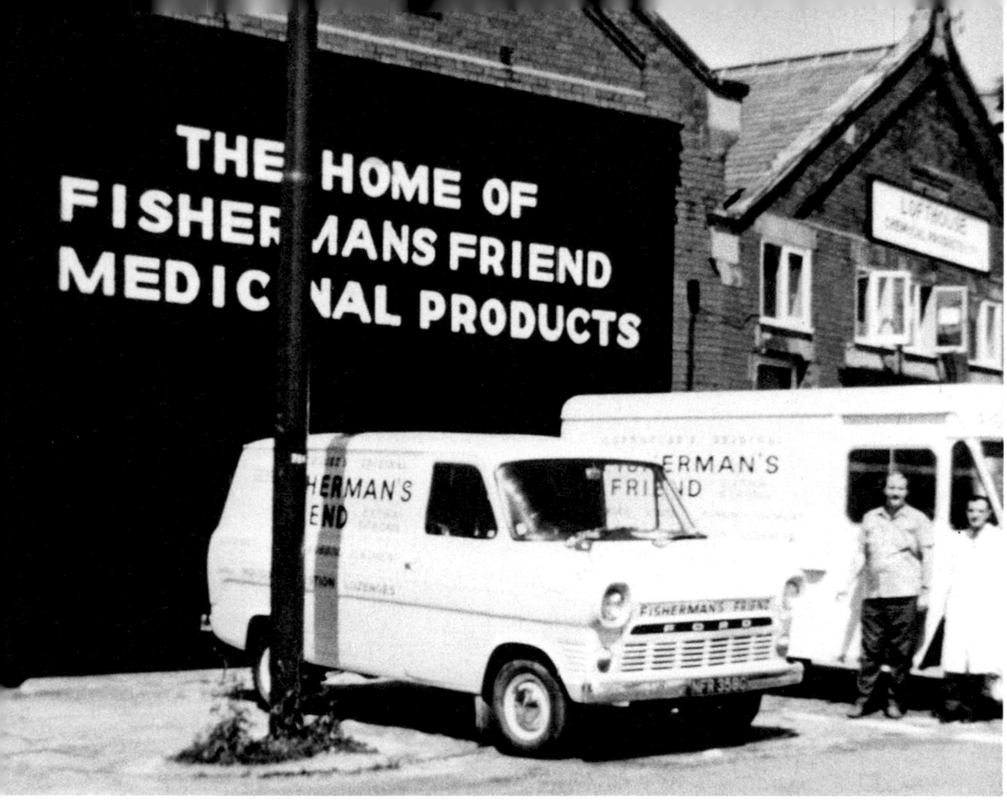

In den 1970er-Jahren wuchs die Firma rasant und lieferte bald in die ganze Welt

mit dem Nato-Austritt, würden die Gegner sich nicht beugen. Die Nato und das mächtige England saßen in der Zwickmühle – und gaben am Ende klein bei. Für die Fischer von Fleetwood, die zu jener Zeit fast ausschließlich in isländischen Gefilden fischten, war dies eine Katastrophe. Fischereiunternehmen schlossen oder wanderten ab. 1982 verließ der letzte Trawler die Stadt.

Kommt man heute nach Fleetwood, landet man in einem verschlafenen Nest. Mit hübscher Promenade, pastellfarbenen Strandhäusern und Minigolfparcours. Man sieht den alten Kaninchenhügel samt neuem Pavillon, das „North Euston Hotel", die Leuchttürme und mit ihnen den Glanz alter Tage. Aber eben auch: Tristesse. Auf der Hauptstraße steht mancher Laden leer, einen Eisenbahnanschluss gibt es nicht mehr, von den sechs Kinos, die Fleetwood einmal hatte, ist keines mehr geöffnet, und dort, wo Lofthouse' Apotheke lag, findet sich ein Laden der Heilsarmee. Fleetwood gehört zu den sogenannten *deprived areas*. Die meisten Einwohner sind älter als 50. Man kommt, wenn man in Rente ist. Oder Sozialhilfe bezieht. Wegen der billigen Mieten.

„Fleetwood ist nicht mehr, was es einmal war", sagt Phil. Er war Fischer. Heute betreut er im örtlichen Museum den Raum über die Hochseefischerei. Er wuchs neben den Docks auf, fuhr später zur See wie sein Vater, das war in den 1970er-Jahren, als das Geschäft noch brummte. 40, 50, 60 Tage waren sie draußen und „Millionäre für drei Tage", wenn sie heimkehrten. In ihren besten Anzügen zogen sie durch die Pubs von Fleetwood. Es wurde gefeiert, gezecht, die Sau rausgelassen und der angestaute Druck.

Heute versteht Phil die Isländer, die nichts hatten als ihren Fisch, wie er sagt. Doch hier starb ein ganzes Gewerbe. „Fleetwood ist heute eine Geisterstadt." Wo die Büros der Fischereiunternehmen lagen, steht heute ein Supermarkt, und im Haus mit der wildesten Kneipe sitzt heute ein Zahnarzt. Viele Fischer gingen weg, nach Schottland oder an die Ostküste. Manche heuerten bei der nahen Salzmine an, andere wurden von Lofthouse aufgenommen. Das Unternehmen ist längst der größte Arbeitgeber in der Stadt.

„Das Besondere an der Geschichte der Lofthouses", sagt David Pearce, „ist, dass ihr Unternehmen organisch gewachsen ist. Sie haben es nicht darauf angelegt, so groß zu werden." David Pearce ist Journalist, in den 1960er- und 1970er-Jahren war er der Hafenkorrespondent mehrerer Blätter, später Chefredakteur der „Fleetwood Weekly News" – und er ging mit Tony Lofthouse zur Schule. Manchmal nahm dessen Vater Tony und ihn mit, wenn er die Erste-Hilfe-Kästen auf den Schiffen auffüllte. Pearce erlebte, wie die Firma wuchs und die Lofthouses plötzlich auf den Reichenlisten landeten.

Das sei sicher nicht immer leicht gewesen für sie, meint Pearce – etwa so wie in einem kleinen Dorf zu leben und im Lotto zu gewinnen. „Was machst du?", sagt Pearce. „In den Pub gehen und allen einen ausgeben? Dann sagen die Leute: Jetzt macht er sich wichtig! Also lieber so tun, als wäre nichts geschehen? Dann sagen sie: Was für ein Geizhals!"

Doch das haben die Lofthouses offenbar gut hingekriegt. Egal, wohin man kommt, sagen die Leute: „Sie haben viel für die Stadt getan." Sie haben die Reno-

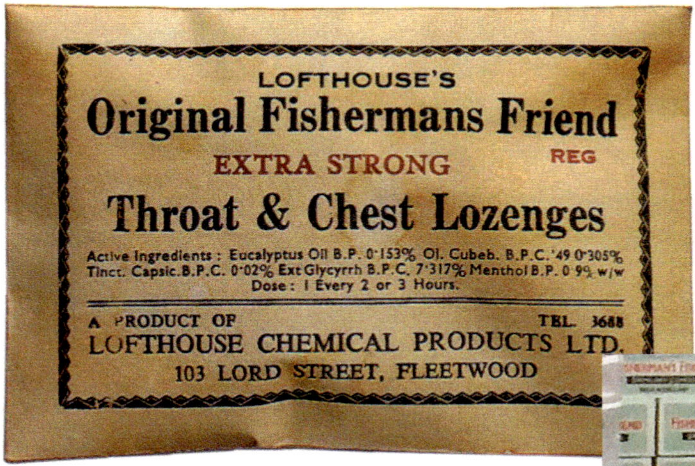

Oben **Ursprünglich gab es nur eine Geschmacksrichtung: „Extra Strong"**

Rechts **Ein Foto aus alten Tagen: (von links nach rechts) Duncan, Doreen und Tony Lofthouse. Die Familie führt das Unternehmen in vierter Generation**

vierung der Promenade bezahlt, die Flutlichter des Fußballclubs, ein Röntgengerät im Krankenhaus. Sie spendeten Geld, als die Marine Hall erneuert werden musste, bezahlten die Neugestaltung eines Teiles der Hauptstraße, ließen einen Trawler restaurieren und stellten auf der Promenade zu Ehren der Fischer ein Denkmal auf. „Sie sind fantastisch", sagt der Bürgermeister. Vor allem Doreen wird von den Leuten in Fleetwood gelobt. Sie ist offensichtlich der heimliche Boss. „Dem würde auch Tony zustimmen", sagt Journalist Pearce. Selbst die Größe der Hustenpastillen kommt daher, dass Doreen einmal sagte: „Macht sie so groß wie die Knöpfe an meinem Kleid."

In der Stadt hofft man, dass die Lofthouses noch lange weitermachen – und nicht verkaufen. Und spricht voller Mitleid über das Jahr 2009, als Tony und Doreen in ihrem Haus überfallen und über Nacht ins Badezimmer eingesperrt wurden, während die Diebe ihr Anwesen ausräumten. Seitdem ist der goldene Fisherman's Friend weg, den Tony Doreen zur Hochzeit schenkte, und Doreens „Order of the British Empire", die britische Version des Bundesverdienstkreuzes. Seither haben die beiden sich zurückgezogen. „Ich schätze, das kommt davon, wenn man auf dieser Reichenliste steht", sagte Tony einmal über den Überfall. Heute haben sie mehrere Sicherheitskräfte, munkelt man.

Dabei haben sie kaum Interesse daran, reicher zu werden. Sie sind nicht die Typen fürs „wine and dine", sagt Pearce. Und auf die Frage, warum sie ihr Unternehmen nicht verkaufen, antwortete Doreen einmal: „Wir können nur ein Auto gleichzeitig fahren, nur dreimal am Tag essen und uns nur einmal betrinken. Warum also?" Das alles können sie ja schon. Tony hat einen Rolls-Royce und einen Mercedes, Doreen ihren Garten mit großem Gewächshaus.

Außerdem sind sie schon älter. Tony, der noch jeden Tag ins Büro fährt, ist über siebzig, Doreen in ihren Achtzigern. Und auch ihr Sohn Duncan, der mit seiner Frau Linda ebenfalls zum Führungsstab gehört, ist über sechzig. Kinder haben die beiden keine. Es ist die Frage, was nach ihrer Zeit aus dem Unternehmen wird. „Niemand weiß die Antwort", sagt Pearce.

Aber allen ist klar, dass ein Käufer die Produktion aus Fleetwood wegholen würde. Dann würde die hiesige Fabrik nicht mehr 24 Stunden am Tag laufen und mehr als eine Million Packungen ausspucken, die von hier aus in alle Welt transportiert werden, sei es nach Barbados oder Mauritius. Denn es gibt nur diese Fabrik und eine kleine in Kuala Lumpur. Das wohl ist auch der Grund, weshalb sie nicht verkaufen wollen. Das Unternehmen läuft besser denn je. Sie lieben ihre Stadt, und für diese wäre ein Wegzug fatal. Vielleicht werden sie das Unternehmen in eine Stiftung überführen, wer weiß?

Auch der Bürgermeister versucht Hoffnung zu verbreiten. „Wir probieren, es wieder herumzureißen", sagt er. Er will den Tourismus wiederbeleben. Schließlich haben sie schöne Strände, und der Lake-District-Nationalpark liegt in der Nähe. Die Leute könnten hier einen Zwischenstopp einlegen. Er hat einen Traum. Peter Hesketh würde es gefallen.

Andrea Walter, Jahrgang 1976, freie Journalistin in Hamburg, aß für diese Geschichte nicht nur viele „Fisherman's", sondern trank auch viel Tee und Bier, um mit den Leuten im Ort ins Gespräch zu kommen. So erfuhr sie eine Menge über die Familie Lofthouse.

mareRadio

Jeden ersten Sonntag im Monat im Nordwestradio

HAL ÖVER

Samstag, 11. Juni, 16.05 Uhr
(Wiederholung von Sonntag, 5. Juni, 11.05 Uhr)

„Hal över" (Hol über), so hallte der plattdeutsche Ruf jahrhundertelang über die Weser. Wer den Strom überqueren wollte, musste laut rufen, damit ihn der Fährmann mit seinem Boot abholte. Auch mareRadio ruft „Hal över" und geht mit der gleichnamigen Fährgesellschaft auf den Fluss: Wir chartern ein Schiff und fahren mit Gästen von Bremen nach Brake – vorbei an Industriehäfen, Werften und kleinen, aber bedeutsamen Inseln. Auf der Fahrt in Richtung Meer erklären Historikerinnen, Handelskundler und Autoren, was es auf sich hat mit der Lebensader, die Bremen mit der Welt verbindet. mareRadio erzählt Geschichten, die am Flusslauf liegen – über Auswanderer, die nicht weit kamen, die letzte Waltran-Raffinerie und über Flüchtlinge, die bald da einziehen werden, wo einst die Bremer Vulkan ihren Sitz hatte. Am Mikrofon ist Silke Behl.

SEX

Sonntag, 3. Juli, 11.05 Uhr
(Wiederholung am 9. Juli, 16.05 Uhr)

Das Meer beflügelt Fantasien. Das geht nicht nur Seeleuten und Landratten so. Selbst Fische schätzen Sexappeal, Pinguine tanzen bei der Partnerwahl, Wale singen. mareRadio begibt sich auf die Suche nach den Lockstoffen – unter Wasser, über Wasser, in den Hafenstädten und dort, wo der Matrose einsam seine Runden dreht. Am Mikrofon ist Stefan Pulß.

Termine

BREMEN

Schiffsmeldungen
Raum, Zeit, Pläne, Vernetzung und Rhythmik sind zentrale Stichworte, mit denen sich Maria Mathieu und Bernd Müller-Pflug künstlerisch in Malerei, Grafik und Collagen auseinandersetzen. 24.6.–14.8., Di–So 11–18 Uhr, Hafenmuseum. www.hafenmuseum-speicherelf.de

ÜberseeTörn
Das Sommerfest mit Markt, Livemusik und Tanz, Kinderprogramm, Törns und Führungen. 30./31.7., ab 11 Uhr, Überseestadt. www.ueberseetoern.de

BREMERHAVEN

Meerjungfrauen, Monster und Matrosen
Was haben der Teufel, dessen Großmutter und Jack the Ripper gemeinsam? Die drei sollen nicht nur hier gewesen sein, auch Seeungeheuer, Geisterschiffe und der Klabautermann. Führungen jeden Samstag 21.30 Uhr (bis August), Radarturm. Tickets: www.bremerhaven-lotsen.de

Von Bremerhaven in die Welt
Ausstellung von Werken des Malers Heiner Palinkas, der den Lebensunterhalt für seine fünfköpfige Familie als Seemann verdiente. 25.6.–30.10., Di–So 10–17 Uhr, Historisches Museum. www.historisches-museum-bremerhaven.de

BUNDORAN (IRL)

Sea Sessions
Surf Music Festival. 24.–26.6., Bundoran Beach. www.seasessions.com

BÜSUM

Kutterregatta
Regatta mit Festmeile und Open-Ships. 22.–24.7., Hafen. www.regattaverein-buesum.de

Veranstaltungshinweise an:
mare-Termine
Wiebke Böse
Sandthorquaihof, Pickhuben 2
20457 Hamburg
Fax: 040/369 859 99
E-Mail: termine@mare.de
Redaktionsschluss für die nächste Ausgabe: 5. 9. 2016

CUXHAVEN

Lotsenfest
Maritimes Straßenfest mit Flohmarkt. 3.7., 10–18 Uhr, Schillerzentrum. www.lotsenviertel.de

Hafentage
Musik, Schiffsbesichtigungen, Vorführungen, Karussells, Shantys, Rundflüge und maritime Stände. 16./17.7., Hafen- und Zollkaje. www.duhnen.de

Deichbrand – Rock am Meer
Open-Air-Festival mit vielen Top-Acts auf zwei Großbühnen, mit Beachballarena und After-Show-Party, 21.–24.7., www.deichbrand.de

DARSSER ORT

Strandsteine zum Anfassen
Der Geologe Rolf Reinicke zeigt die Vielfalt der Gesteine und Fossilien vom Ostseestrand und bestimmt steinerne Strandfunde. Besucher können Steine zur Bestimmung mitbringen. Gratis für Besucher mit Museumsticket. 21.6., 11–15 Uhr, Natureum. www.deutsches-meeresmuseum.de

FLENSBURG

Sail
Maritimes Fest mit Schiffsparaden, Kulturoasen mit Theater, Musik, Handwerkerständen, Genießerpromenade und gemütlichen Ruhestationen. 8.–10.7., Hafen. www.sail-flensburg.de

GLÜCKSTADT

Matjeswoche
Matjesmeile mit Livemusik, Entenrennen, Open-Ships und Plattschaufelregatta-WM. 9.–12.6., Marktplatz und Hafen. www.glueckstad-tourismus.de

HAMBURG

Taktgeber Hafen. Hamburgs Stadtentwicklung im 20. Jahrhundert
Dauerausstellung. Der Hafen prägt die Stadt tief greifend und gestaltet ihre Entwicklung wie kein anderer Wirtschaftszweig. Di–Sa 10–17, So 10–18 Uhr, Museum für Hamburgische Geschichte. www.hamburgmuseum.de.

Kennen Sie Hamburg?
Vom Mastenwald zur HafenCity.

Führung am 5., 19.6., 3., 17.7., 14 Uhr. Museum für Hamburgische Geschichte. www.hamburg museum.de

KELLENHUSEN
Sandfiguren-Wettbewerb
Sandfigurenbildhauer zeigen ihre Kunstwerke. 27.7., Strand. www.kellenhusen.de

KIEL
Kieler Woche
Größte Segelsportveranstaltung der Welt und größtes Sommerfest in Nordeuropa. 18.–26.6., Hafen. www.kieler-woche.de

MÜNCHEN
Tollwood Sommerfestival
Das diesjährige Festival widmet sich dem Meeresschutz. Kulturprogramm und Informationskampagnen mit Greenpeace. 29.6.–24.7., Olympiapark Süd. www.tollwood.de

OERTZENDORF/POEL
Flaschenpostgeschichten
Zwei Jahre ist der Journalist und Fotograf Oliver Lück in die Länder entlang der Ostsee gereist, um herauszufinden, wer hinter gefundenen Nachrichten steckt. Lesung. 17.6., 19 Uhr, Café Frieda. www.insel-poel.de, www.lueckundlocke.de

SLIGO (IRL)
Rosses Point Shanty Festival
Internationales Shanty-Treffen mit den Größen des Genres. 17.–19.6., Promenade. www.rossespointshanty.com

STRALSUND
Kindermeer Familiensommer
Kreativangebote, Mitmachaktionen, Führungen, Schaufütterungen und Tauchshow. Gratis mit gültigem Museumsticket. 25.6.–4.9. Programm: www.kindermeer.de

WARNEMÜNDE
Warnemünder Woche
Maritime Festwoche mit großem Festumzug, Segelregatten, sportlichen Angeboten, Showprogrammen, Konzerten, Drachenbootfestival, Shanty- und Trachtentreffen und Beach-Partys. Eine bunte Vergnügungs- und Bummelmeile lockt mit Kunsthandwerkern und kulinarischen Verlockungen. 2.–10.7., Bahnhof, Alter Strom bis zum Leuchtturm. www.warnemuender-woche.de

HAMBURG

Michael Pasdzior, Peter Haefcke: Europas Atlantikküste

Die Fotografen Peter Haefcke und Michael Pasdzior verbindet die Liebe zum Meer. Acht Jahre bereisten sie Europas Atlantikküsten von Portugal bis Island. Während Haefcke schwarz-weiß fotografiert (links ein Bild aus der Ausstellung), visualisiert Pasdzior die Welt in Farbe. Auch inhaltlich ist das Werk von Gegensätzen geprägt. Die ursprüngliche Schönheit der Küsten steht im Kontrast zu den menschengemachten Eingriffen, die beide von den Fotografen in beeindruckenden Bildern festgehalten sind. Die sehenswerte Schau zeigt ihre Arbeiten in einer großen Übersicht. Die unterschiedlichen Konzepte und individuellen Bildsprachen finden sich auch in dem gleichnamigen Fotokunstbuch „Europas Atlantikküste“ wieder, das bei Koehler erschienen ist.
14.7. bis 31.10. 2016, Mo bis So 10 bis 18 Uhr. Internationales Maritimes Museum, Koreastr. 1. www.imm-hamburg.de

mareTV

Jeden ersten und dritten Donnerstag im Monat im NDR Fernsehen

Bitte beachten Sie: Wegen der TV-Übertragung der Fußball-Europameisterschaft gibt es im Juni und Juli nur einen mareTV-Abend. Ab August senden wir wieder wie gewohnt.

DIE BELGISCHE NORDSEEKÜSTE
65 ÜBERRASCHENDE KILOMETER

21. Juli, 20.15 Uhr, NDR Fernsehen
Belgien ist das einzige Land der Welt, in dem man die gesamte Küste mit der Straßenbahn bereisen kann – ohne Umsteigen. Die „Kusttram“ verläuft immer am Sandstrand entlang und verbindet mondäne Seebäder und schrille Badeorte. mareTV löst ein Ticket bei der Fahrerin Katrien, trifft die Pferdefischer von Oostduinkerke und einen Pater, der seine Messen in einem ehemaligen deutschen U-Boot-Versorgerschiff feiert.

ZEELAND
HOLLANDS NASSE WESTKÜSTE

21. Juli, 21.00 Uhr, NDR Fernsehen
Zeeland, südwestlichster Zipfel der Niederlande, ist eine eigene Welt zwischen Ebbe und Flut. Kein Ort ist hier mehr als 17 Kilometer von der Küste entfernt.

GEISTERFAHRER

TEXT: TIM SCHRÖDER

FOTOS: MATHIAS BOTHOR

Autonomes Fahren ist die Zukunft – in einem Terminal in Hamburgs Hafen hat sie schon begonnen. Legt dort ein Containerschiff an, bringen Dutzende selbst fahrender Lastwagen, die „Automated Guided Vehicles", die gelöschte Fracht zum Ort des Weitertransports. Schnell, vollautomatisch, unfallfrei

ZPMC
SIEMENS
CTA
61
39
62
54
67
53
GOTTWALD
36
HAMBURG SÜD

VORHERIGE DOPPELSEITE: DIE TRANSPORTER IN ALTENWERDER, SOGENANNTE AGVS, BEFÖRDERN CONTAINER AUTOMATISCH

RECHTS: BLICK AUS DER PERSPEKTIVE DES BRÜCKENFAHRERS – MIT EINEM GREIFER WIRD DER CONTAINER AUS DEM SCHIFF GEHIEVT

RIESIGE SCHIFFE WIE DIE „TEGESOS" WERDEN AM TERMINAL ALTENWERDER MIT MEHREREN CONTAINER-BRÜCKEN ZUGLEICH ABGEFERTIGT, UM ZEIT ZU SPAREN

DIE MOTOREN HEULEN AUF. LANGSAM ROLLEN DIE drei schweren Fahrzeuge mit ihren mannshohen Reifen aus der Parkposition. Es sind eigenartige Vehikel. Sie sind flach. Es gibt kein Fahrerhaus und niemanden, der sie lenkt. Und doch gleiten sie zielstrebig dahin, alle im selben Tempo, mit demselben tiefen Brummen, eine Kolonne von Geisterwagen. Andere Brummis kommen ihnen entgegen. Dutzende. Einmal sind zwei auf Kollisionskurs. Doch ehe es kracht, hält einer an. Er setzt den Blinker, lässt den anderen vorüberfahren und biegt ab.

Die brummenden Geisterwagen heißen AGVs, Automated Guided Vehicles. Ihr Revier ist das Containerterminal Altenwerder (CTA) im Hamburger Hafen. Legt ein Containerschiff an, kommen sie angeschwärmt wie ein Trupp Ameisen und nehmen die Stahlboxen auf ihren Rücken. Knapp zwei Millionen Container werden hier jährlich auf Lastwagen und Güterzüge verladen oder von Bahn und Lastwagen auf die Schiffe verfrachtet. Das CTA ging 2002 in Betrieb und ist bis heute eines der technisch ausgefeiltesten, denn der Containertransport läuft vollautomatisch ab. Herz des Systems ist eine Software namens Teams. Sie dirigiert die AGVs per Funk und steuert die Kräne, die im Blocklager Container stapeln.

Am Kai liegt die „Barmbek". Sie ist gut in der Zeit; heute wird sie eine Stunde früher als geplant auslaufen können und Platz für andere Schiffe machen. Einige Container fehlen noch. Die letzten AGVs sausen flink ans Schiff. Nur im Laufschritt kann man mithalten. Die AGVs halten das Terminal in Schwung. 86 Stück gibt es. Wird es einmal eng, weil ein Frachter auf einen Schlag 6000 Container abliefert oder weil drei dicke Pötte gleichzeitig anlegen, schicken die Techniker im Leitstand einfach zusätzliche AGVs los. Dann wird es am Kai richtig voll, dann fahren die AGVs dicht an dicht zwischen Schiff und Blocklager hin und her.

Dass sie trotzdem nicht zusammenstoßen, dafür sorgt Teams. „In all den Jahren hatten wir noch keine Kollision", sagt Boris Wulff, der am CTA für die technische Entwicklung und die AGVs zuständig ist. „Ehe es rumst, hält die Software das Fahrzeug an." Sollte einmal ein AGV mit einer Panne liegen bleiben, ziehen seine Kollegen auf dem Computerbildschirm mit wenigen Klicks eine Art virtuelle Bannmeile um das Fahrzeug. Die AGVs fahren dann automatisch um das Hindernis herum.

In den meisten anderen Containerterminals der Welt transportieren hochbeinige Van-Carrier die Container durch den Hafen, schlanke Portalhubwagen, die die Container unter ihrem Bauch tragen wie Spinnen ihre Eierpakete. Oben, in 13 Meter Höhe, sitzt der Fahrer. Über Funk geben ihm die Kollegen in der Zentrale durch, welchen Container er vom Schiff abholen oder wo er ihn abstellen soll. Wie schnell das geht, hängt davon ab, wie geschickt der Fahrer den Van-Carrier bedient, wie schnell er fährt – oder auch, ob er ausgeschlafen ist. Am CTA aber verknüpft der Computer alle AGVs zu einer Choreografie. Teams berechnet automatisch den kürzesten Weg und ruft Fahrzeuge dahin, wo sie gerade gebraucht werden.

Vollautomatisch funktioniert auch das Blocklager in der Terminalmitte. Das Blocklager ist ein riesiger, 1400 Meter breiter Freiluftcontainerspeicher, der den größten Teil des Terminals ausfüllt. 26 Blöcke gibt es darin, jeder ist zehn Container breit und 37 Container lang. In den Blöcken stehen die Stahlkisten eng an eng, zu je vieren übereinandergestapelt. Und über jedem Block fahren auf Schienen zwei weit ausladende Kranbrücken hin und her, die die Container aufnehmen, absetzen und stapeln – die eine kleiner als die andere, damit sie unter der großen hindurchfahren kann. Das Blocklager wird aus beiden Richtungen befüllt: mit Containern, die AGVs vom Schiff herantransportieren, und auf der anderen Seite mit Containern, die von Lastwagen oder Güterzügen herangeschafft werden, um auf Seereise zu gehen. Da keine Van-Carrier umherbrausen, die Platz zum Manövrieren brauchen, kann man die Container im Blocklager besonders dicht stapeln.

Rollt ein AGV herbei, zoomt sich eine Kamera in die Szene. Der Computer erkennt den Container, lenkt die Kranbrücke auf Position und fiert automatisch den großen Greifer ab, den tonnenschweren Spreader. Hängt der Container am Haken, fährt ihn die Brücke auf eine bestimmte Position im Blocklager. Die hängt davon ab, wann und an welcher Stelle der langen Kaimauer ein Schiff anlegen wird. Jene Container zum Beispiel, die in Kürze auf Reisen gehen, sollten möglichst weit oben auf einem Containerstapel liegen. Container wiederum, die für ein Schiff bestimmt sind, das am nördlichen Ende des Terminals festmacht, werden in die nördlichen Blöcke eingelagert. Andernfalls müssten die AGVs Umwege fahren. ➢

CONTAINER TERMINAL ALTENWERDER
CONTAINER TERMINAL ALTENWERDER
HHLA
TEGESOS
LIMASSOL

Es gibt etliche solcher Regeln, nach denen der Computer die Blocklagerbrücken steuert. Auch berücksichtigt er, wann die Lkws, Schiffe und Züge ankommen werden. „Dank der Automatisierung setzt das CTA sehr viele Container auf engem Raum in kurzer Zeit um", sagt Karl Olaf Petters, Sprecher der Hamburger Hafen und Logistik AG (HHLA), die das CTA betreibt. „Das ist die Stärke von Altenwerder. Wir haben es schon auf Rekordwerte von 160 000 Containern im Monat gebracht." Das entspräche, wenn man die Container aneinanderreihen würde, der Strecke von Flensburg nach München.

ES SIND GIGANTEN AUS SCHWEREM STAHL: DIE 60 METER HOHEN CONTAINER-BRÜCKEN ROLLEN AUF SCHIENEN AN DER KAIMAUER VON ALTENWERDER ENTLANG

Etwa 40 Prozent der Container, die in Altenwerder ankommen, reisen mit dem Lkw weiter, 30 Prozent auf kleineren Schiffen und 30 Prozent mit der Eisenbahn. „Kein anderer Terminalbetreiber in Europa bringt so viele Container auf den Zug wie wir mit Altenwerder und unseren beiden anderen Hamburger Terminals", betont Petters. „Damit sparen wir Tausende von Lkw-Fahrten und entlasten die Straßen." In Rotterdam oder auch Singapur sind inzwischen Terminals nach Altenwerder Vorbild in Betrieb gegangen, ebenfalls mit einem ganzen AGV-Fuhrpark.

Dass Altenwerder anders ist, spürt man auf den ersten Blick. Die Menschen fehlen. Nur auf den Schiffen sind ein paar zu

DIE AGVS BRINGEN DIE CONTAINER INS BLOCKLAGER, EINE ART ZWISCHENLAGER. 26 BLÖCKE GIBT ES, JEDER IST BIS ZU ZEHN CONTAINER BREIT UND 37 CONTAINER LANG

sehen und auf dem Kai die Festmacher, die die Tampen über die Poller werfen. Die große Freifläche, auf der die AGVs hin und her fahren, ist ohnehin Tabuzone, aus Sicherheitsgründen. Zwar blinken und hupen die AGVs, aber eigentlich ist niemand da, den das interessieren würde.

Natürlich ist das CTA nicht wirklich menschenleer. Es hat 450 Angestellte. Arbeiter werden vor allem dort gebraucht, wo sich Mensch und Maschine zu nahe kommen. Wo Menschen sind, darf der Computer nicht allein entscheiden, zum Beispiel auf den Schiffen. Deshalb platzieren Fahrer in den 60 Meter hohen Containerbrücken per Joystick die Container im Schiffsbauch.

Auch auf der anderen Seite des Terminals hat der Computer Zwangspause, dort wo die Container aus dem Blocklager auf die Lastwagen verladen werden. Hier soll die computergesteuerte Containermaschinerie den Fernfahrern nicht zu nahe kommen. Das Beladen der Lkws übernehmen in Altenwerder deshalb die Fernsteuerer, Mitarbeiter, die per Joystick den Container auf den Sattelschlepper setzen.

Die Fernsteuerer sitzen oben in der CTA-Zentrale vor ihren Monitoren an einzelnen Tischen, wie in einem Klassenraum. Der Bildschirm flackert – ein Sattelschlepper erscheint in der Vogelperspektive. Ein paar Meter daneben steht ein Mann, der Lkw-

HHLA
HHLA
HHLA
CTA
HHLA
CTA
PMC
SIEMENS
CTA
CTA

DAS TERMINAL ALTENWERDER IST TECHNISCH AUF NEUESTEM STAND. INZWISCHEN SIND IN SINGAPUR UND ROTTERDAM ÄHNLICHE ANLAGEN IN BETRIEB GEGANGEN

Fahrer. „Das ist gut“, sagt einer der Fernsteuerer, „der muss aussteigen, bevor ich den Container auf dem Hänger absetzen darf.“ Er schaltet um auf eine andere Kamera. Jetzt schaut man von oben auf den Container. Ein kleiner Druck auf den Joystick. Langsam senkt sich der Container. Die Kanten des Sattelschleppers kommen ins Bild. Es ist wie bei einem Andockmanöver an einer Raumstation. Ecke auf Ecke. Der Container sitzt.

Vom Fernsteuerraum sind es nur wenige Schritte zum eigentlichen Leitstand – einem großen Raum mit vielen Fenstern, von dem man über das Terminal blickt wie ein Kapitän von der Brücke. An den Wänden leuchten Monitore. Einige zeigen das Terminal in Draufsicht. Blaue Striche bewegen sich über die Bildschirme – die AGVs. Auf anderen Bildschirmen sieht man die Schiffe am Kai im Querschnitt und die Stapel bunter Boxen in ihren Rümpfen. Je nach Bestimmungshafen sind die Container gelb, rosa oder grün. Wie bei einem Tetrisspiel für Seefahrer. Kaum jemand spricht. Ein einziger Mann telefoniert. „Es ist unser Job, dass es hier ruhig läuft“, sagt Claas Culemann. „Wenn es hektisch wird, machen wir etwas falsch.“ Culemann ist Schiffsplaner. Er und seine Kollegen bereiten das Entladen und Beladen der Schiffe vor. Auf ihren Computern tüfteln sie aus, wie viele der großen Containerbrücken für ein Schiff benötigt werden.

In der Schifffahrt gibt es viele Unwägbarkeiten. Ist es in Singapur neblig, stehen die Containerbrücken still. Und tobt über Hamburg ein Sturm mit Windstärke acht, dann ist auch in Altenwerder Schluss. Schiffe verspäten sich. Entsprechend flexibel müssen Culemann und seine Kollegen reagieren. Auf der Elbe gibt es einige Nadelöhre, die die Arbeit der Schiffsplaner noch anspruchsvoller machen, als sie ohnehin schon ist. Die größten Schiffe können die Elbe heute nur mit der Hochwasserwelle durchfahren, weil sie zu viel Tiefgang haben. Verspäten sie sich, sodass sie das Hochwasser verpassen, müssen sie bis zur nächsten Tide warten, ehe es weitergeht, gut zwölf Stunden. Auf einer 50 Kilometer langen Strecke von Hamburg flussabwärts ist die Elbe so schmal, dass Containerriesen mit mehr als 45 Meter Breite nicht aneinander vorbeifahren können. Auch das müssen Planer wie Culemann berücksichtigen.

Lange Zeit hatten die verschiedenen Hamburger Terminalbetreiber wie die HHLA oder die Firma Europort den Schiffsverkehr zu ihren Terminals allein geplant. Da aber die Zahl der sehr großen und breiten Schiffe stark zugenommen hat, geht es nicht mehr ohne Absprache. 2014 haben die Betreiber deshalb die „Nautische Terminal-Koordination“ ins Leben gerufen – eine kleine Schaltzentrale, in der fünf Nautiker alle Schiffe für alle Terminals im Blick haben. Sie nehmen Schiffe über Satellit ins Visier, sobald diese Gibraltar passieren. So können sie schnell reagieren, wenn ein Schiff verspätet eintrifft, und anderen Vorfahrt gewähren. Dank dieser Abstimmung läuft der Frachtverkehr auf der Elbe heute schneller. In vielen Fällen verkürzt sich die Liegezeit.

Auch am CTA selbst geht die technische Entwicklung weiter. Alle Autos auf dem Gelände fahren heute mit Elektroantrieb. Und auch die AGVs werden nach und nach mit Elektromotoren ausgestattet. „Das CTA soll ein kohlendioxidfreies Terminal werden, in dem nur regenerativ erzeugter Strom verwendet wird“, sagt Technologieentwickler Boris Wulff. Seit 2011 haben Wulffs Mitarbeiter nach und nach AGVs mit Batterien und Elektromotoren ausgerüstet. Zwölf Batteriefahrzeuge sind heute im Einsatz. Damit durch das Nachladen der Batterien nicht zu viel Zeit verloren geht, wurde auch eine automatische Batteriewechselstation installiert. Die AGVs fahren von allein hinein.

Inzwischen hat die „Barmbek“ abgelegt. Langsam gleitet sie am Terminal vorbei. Die meisten AGVs rollen zurück zur Parkposition. Die Ameisen kommen für einen Moment zur Ruhe. Doch das nächste Schiff ist schon in Sichtweite. Die „Essen Express“ schiebt sich unter der Köhlbrandbrücke hindurch – 366 Meter Länge, 48 Meter Breite, einer der Riesen, denen es auf der Elbe schnell zu eng wird. Die Containerbrücken werden mehrere tausend Stahlboxen aus dem Laderaum pflücken, und die AGVs werden herbeirollen – ein neuer Schub Fracht für die nimmermüde Containermaschinerie von Altenwerder.

Trotz aller Begeisterung für die Technik am CTA gab es für den Oldenburger Journalisten Tim Schröder, Jahrgang 1970, auch Wermutstropfen. Wo heute das Terminal liegt, stand einst das Elbdorf Altenwerder. Die Bewohner wurden umgesiedelt. Mathias Bothor, geboren 1962, Fotograf in Berlin, liebt die Porträtfotografie. In einem menschenleeren Containerterminal zu fotografieren war für ihn daher eine ungewohnte, aber umso reizvollere Herausforderung.

Unvergesslich: Ausgewählte durften mit Haien die Nacht verbringen

Leben
Eine Nacht im Haifischbecken

Es war ein Erlebnis der ganz besonderen Art: Alastair Shipman aus Großbritannien und Hannah Simpson aus Nordirland haben eine Nacht inmitten eines Haifischbeckens verbracht. Ihr rundes, gläsernes Unterwasserschlafzimmer bot dabei einen 360-Grad-Blick auf 35 Haie. Das Pariser Aquarium und das Wohnungsvermietungsportal „Airbnb" hatten drei dieser ungewöhnlichen Übernachtungen verlost – an Shipman und Simpson und an zwei weitere Paare. „Nur eine Wand aus Glas wird dich von deinen schwimmenden Nachbarn trennen", schrieben die Veranstalter. Initiiert wurde die Aktion von dem belgischen Weltrekord-Freediver und Unterwasserfotografen Frédéric Buyle. Er schwimmt regelmäßig mit den Haien im Pariser Aquarium – und tat das auch für Shipman und Simpson. Die beiden lernten sich vor vier Jahren im Londoner Aquarium kennen und nutzten nun die Gelegenheit, sich in Gegenwart der Haie zu verloben. Vor Antritt der Übernachtung stellten die Veranstalter noch einige Hausregeln auf. „Keine Selfies nach Einbruch der Dunkelheit. Denk daran, dass Haie sehr lichtempfindlich sind." Und: „Bitte vor deiner Übernachtung nicht ‚Der Weiße Hai' anschauen. Haie sind wirklich viel netter, als du denkst." Das speziell für die Aktion angefertigte U-Boot-Schlafzimmer wird von den Biologen des Hauses weiter genutzt. *mz*

Internet
Rechenzentrum im Meer

Vor der kalifornischen Küste hat Microsoft ein Rechenzentrum im Meer versenkt, in einer mit Stickstoff gefüllten Stahlkugel. Mit diesem Experiment namens Natick erprobt der Konzern den Betrieb von Rechnern unter Wasser. Das hat einen großen Vorteil: Das Meerwasser kühlt die Rechner. Aufwendige Kühlanlagen, die in herkömmlichen Rechenzentren ein Drittel des gesamten Energieverbrauchs ausmachen können, wären überflüssig. „Gerade bei steigenden Energiepreisen werden Konzepte, die die Energieeffizienz steigern, immer wichtiger. Die großen Rechenzentren von Google, Amazon, Microsoft und anderen IT-Unternehmen liegen häufig schon in nördlichen, sogar in Polarregionen", erklärt Hans-Dieter Weckmann, Direktor des Zentrums für Informations- und Medientechnologie an der Universität Düsseldorf. Weil die Hälfte der Menschheit ohnehin in Küstennähe lebt, wären Unterwassercomputer zudem näher an den Nutzern und die Datenübertragung schneller. „Das Konzept hat aber nur dann Sinn, wenn der IT-Betrieb ausfallsicher ist und ohne Pflege- und Wartungsarbeiten auskommt. Und hiervon sind wir auch bei Standardanwendungen noch meilenweit entfernt", sagt Weckmann. Er rechnet erst in zehn Jahren mit funktionierenden Unterwasserservern. Microsoft will 2017 einen zweiten Prototyp ins Meerwasser lassen, möglicherweise vor Florida oder in Nordeuropa. *mz*

Versenkt: Microsoft-Rechner

Politik
Asyl für US-Bürger

Der Tourismusmarketingagentur der kanadischen Insel Cape Breton ist ein Mediencoup gelungen: Auf der Website cbiftrumpwins.com („Cape Breton if Donald Trump wins") bietet sie allen US-Bürgern Asyl an, die Donald Trump als US-Präsidenten nicht ertragen könnten. Ein Radiomoderator hatte die Website gestartet; zudem wird die Aktion vom Fremdenverkehrsamt der Insel unterstützt. Man solle nicht erst bis zur Wahl am 8. November 2016 warten, heißt es auf der Seite. „Kümmert euch jetzt schon darum, dann könnt ihr noch am Wahltag in einen Bus steigen und ein neues Leben in Cape Breton beginnen, wo Frauen abtreiben und Muslime frei herumlaufen dürfen und die einzigen Mauern dafür da sind, die Dächer unserer extrem günstigen Häuser zu tragen." Daraufhin wurde die Reiseseite von Cape Breton in einer Woche öfter angeklickt als sonst im ganzen Jahr. Mehr Menschen könnte die entlegene Insel im Nordatlantik mit ihren rund 150 000 Bewohnern gut gebrauchen. Seit drei Jahrzehnten schwinden die Einwohnerzahlen, vor allem junge Menschen ziehen weg, seit Bergbau- und Fischereibranche kriseln. Das Angebot sei kein Witz, heißt es auf cbiftrumpwins.com. „Wir heißen jeden will-

kommen, ob Demokrat, Republikaner oder Donald Trump.“ Die Insel hat allerdings kein besonderes Einwanderungsprogramm aufgelegt. „Der Ablauf der Immigration würde konventionell erfolgen“, heißt es auf der Homepage. *mz*

Schifffahrt

75 Jahre Schweizer Flagge

Die Schweizer Hochseeschifffahrt feiert in diesem Jahr ihr 75-jähriges Bestehen. Gehisst werden darf die Schweizer Flagge seit dem Bundesgesetz über die Seeschifffahrt vom 9. April 1941. „Zehn Tage später, am 19. April 1941, wurde das erste Schiff, die ‚Calanda‘, eingeflaggt“, erklärt Heinz Dürrenmatt, Präsident des Seemannsclubs der Schweiz, Sektion Basel. Die Stadt am Rhein ist der Heimathafen der Schweizer Hochseeflotte. Vorher fuhren die Schiffe unter anderen Flaggen und hängten nur am Fockmast eine Schweizer Flagge aus. Die Schweiz interessierte sich lange Zeit nicht für eine Flotte, weil es für das Binnenland ohne Zugang zum Meer kein international geltendes Seerecht gab, um mögliche Schiffe zu schützen. Die Haltung änderte sich jedoch während des Zweiten Weltkriegs. „Mit 49 Schiffen – allesamt modern und nur wenige Jahre alt – ist die Schweiz das Binnenland mit der größten Hochseeschiffsflotte“, erklärt Dürrenmatt. „Schweizer Seeleute gibt es aktuell jedoch kaum.“ Die kleine Flotte ist wichtig für das Binnenland. „Die Schweiz will in Notfällen die Landesversorgung zumindest teilweise über den Seeweg gewährleisten können.“ Die schweizerische Handelsflotte hat derzeit eine Tragfähigkeit von gut 1,4 Millionen Tonnen, dies entspricht etwa einem Promille der Welttonnage. Noch bis zum 13. November ist eine Sonderausstellung zum Thema im Museum Verkehrsdrehscheibe Schweiz in Basel zu sehen. *mz*

Tourismus

Der schwimmende Bus

Hamburg hat eine neue Attraktion: In einem Bus, der zugleich fahren und schwimmen kann, können Touristen den Hafen erkunden. Die Hamburg Port Authority erteilte dem Amphibienfahrzeug im März die offizielle Zulassung. Die Stadttour des HafenCity Riverbus dauert 80 Minuten – 45 Minuten auf dem Land und 35 Minuten auf der

Vor 70 Jahren

Der Bikini wird erfunden

Es ist der 5. Juli 1946, als die geladenen Journalisten im Pariser Nobelbad Molitor plötzlich den Atem anhalten. Ein 18-jähriges Model, Micheline Bernardini, betritt die Schwimmhalle, sie ist weder nackt noch angezogen. Sie trägt lediglich einen zweiteiligen Badeanzug, bestehend aus einem Schnurhöschen und einem BH aus kleinen Stoffdreiecken. Es ist die Vorführung einer neuartigen Badebekleidung, erfunden von Louis Réard, einem Maschinenbauingenieur. Réard hat für die Modeshow Stripteasetänzerin Bernardini angeheuert, weil sich kein anderes Mannequin bereitfand. Den Zweiteiler nennt er „Bikini“ – nach einem Atoll im Pazifik, auf dem die USA vier Tage zuvor eine Serie von Atombombenversuchen begonnen haben. Auch sein Bikini soll einschlagen wie eine Bombe. Das ist die simple wie funktionierende PR-Idee. Allein die „International Herald Tribune“ publiziert elf Artikel über diese Vorführung. Allerdings ist es unmöglich zu sagen, wer tatsächlich den Bikini erfunden hat. So existieren etwa römische Mosaiken, die bereits Frauen in einer Art zweiteiligen Badeanzug zeigen. Und spätestens um 1900, als auch bei Frauen Schwimmen zum Sport wird, finden sich verschiedenste Arten von zweiteiligen Badeanzügen – nur eben selbst gemacht. Louis Réard ist der Erste, der ein Patent auf den Bikini anmeldet. Die katholische Kirche schäumt, die Modewelt ist begeistert. 1951 laufen die Teilnehmerinnen des ersten „Miss World“-Wettbewerbs im Bikini über den Laufsteg. Ein Film sorgt schließlich für den endgültigen Durchbruch: „007 jagt Dr. No“. Da entsteigt Ursula Andress in einem weißen Bikini dem Meer, schlendert über den Strand und verdreht James Bond sowie Millionen Kinobesuchern den Kopf. *fk*

Illustration: Ueli Etter

Zu Wasser und zu Land: der HafenCity Riverbus in Hamburg

Elbe. In der Sommersaison soll es täglich fünf Fahrten geben. „Vor vielen Jahren habe ich ein ähnliches Projekt in Singapur gesehen und war mir sofort darüber im Klaren, dass eine solche Attraktion nach Hamburg gehört“, sagt Fred Franken, einer der beiden Riverbus-Betreiber. Nach rund 30 Minuten Fahrt durch Speicherstadt und HafenCity wassert der Bus auf der Halbinsel Entenwerder in Rothenburgsort und setzt seine Fahrt elbabwärts entlang alter Hafenanlagen bis zum Magdeburger Hafen fort. „Keine andere Stadt bietet diese Nähe zwischen Wasser und Land – das versuchen wir mit unserem Fahrzeug zu nutzen“, sagt Frankens Kollege Jan Mahlstedt. Eine Testfahrt des Riverbus Anfang Februar im Hamburger Hafenbecken wurde in den sozialen Netzwerken fleißig kommentiert. „Mama, da schwimmt ein Bus im Wasser!“, twitterte ein Nutzer. In Rotterdam und Lissabon sind ähnliche Fahrzeuge unterwegs, in Deutschland ist der Riverbus der einzige Touristenbus, der auch im Wasser fährt. Er erreicht eine Geschwindigkeit von 65 Kilometern in der Stunde an Land und 14 auf dem Wasser – genug, um gegen die Strömung anzukommen. *mz*

Meeresbiologie

Genveränderter Zebrafisch

Forscher der Duke University in Durham, USA, haben einen Zebrafisch so verändert, dass seine Hautzellen wie ein buntes Mosaik leuchten. „Die verwendete Methode – Skinbow genannt – ist ein mächtiges Arbeitsmittel, mit dem man in einem einzigen Schritt Hunderte oder sogar Tausende Zellen in einem regenerierenden Gewebe sichtbar macht“, erklärt Kenneth D. Poss vom Forscherteam. Die Hautzellen der Skinbow-Zebrafische bildeten nach dem Zufallsprinzip verschiedene Gemische roter, grüner und blauer fluoreszierender Proteine – insgesamt rund 80 unterscheidbare Farbtöne. Anschließend verfüge jede Zelle über eine Art Code und könne so über Tage und Wochen beobachtet werden – in Echtzeit. „Bevor wir die Geweberegeneration vollständig verstehen können, müssen wir in der Lage sein zu verfolgen, was jede einzelne Zelle tut“, sagt Poss. Um herauszufinden, wie einzelne Zellen bei einer Verletzung zusammenwirken, fügten die Forscher den genetisch veränderten Zebrafischen verschieden schwere Hautverletzungen zu. Weitere Anwendungsgebiete des Skinbow-Systems könnten menschliche Hauterkrankungen und die Wirkung von Medikamenten auf die Haut sein. In Kombination mit anderen bildgebenden Verfahren könnten auch der Einfluss von Stressfaktoren wie Drogen, Infektionen oder Krebs auf heilendes Gewebe untersucht werden. *mz*

Forschung

Warum der Ozean summt

Bekannt ist, dass Wale singen und sich Delfine mit Klicklauten verständigen. Jetzt haben Forscher im Pazifischen Ozean einen ganz besonderen Sound ausgemacht. „Er ist zur Abend- und Morgendämmerung zu hören und dient wohl gleichsam als Essensglocke für Millionen Organismen“, sagt Simone Baumann-Pickering von der Scripps Institution of Oceanography der University of California in San Diego. Mit hochsensiblen Unterwassermikrofonen hat die Wissenschaftlerin im San-Diego-Graben vor der kalifornischen Küste ein niederfrequentes Brummen im Bereich von 300 bis 600 Hertz aufgezeichnet – und die Lärmquelle herausgefunden. „Verursacht wird das Summen von Knochenfischen, Krustentieren und Kopffüßern, die in 200 bis 1000 Meter Tiefe leben“, so Baumann-Pickering. In dieser sogenannten Dämmerzone sind die Tiere zwar vor Fressfeinden geschützt, doch es mangelt an Nahrung. Es dringt zu wenig Sonnenlicht in diese Regionen, um das Wachstum von Phytoplankton anzuregen. Zur Nahrungssuche steigen die Organismen jede Nacht zur Oberfläche auf. Die Dunkelheit bietet ihnen Schutz vor Fressfeinden. Noch vor Sonnenaufgang sinken die Organismen in die sichere Tiefe zurück. Diese Wanderung verursacht ein Brummen, das jeweils ein bis zwei Stunden anhält. Der anschwellende Lärmpegel, so die Forscherin, könnte den Dämmerzonentieren als akustisches Signal dienen, nach oben beziehungsweise nach unten zu schwimmen. Bei diesem Auf und Ab durchmischen diese Organismen, deren Gesamtgewicht auf über zehn Milliarden Tonnen geschätzt wird, auch das Wasser. Nun will die Wissenschaftlerin herausfinden, ob der Klimawandel diesen Rhythmus beeinflusst, bei dem Nährstoffe und Kohlendioxid verlagert werden. *jsc*

Gute Haftung: Miesmuschel

Technik

Superkleber im Meer

Muscheln beherrschen etwas Besonderes: Sie kleben nicht nur unter Wasser, sondern auch auf verschiedensten Materialien wie Holzpfosten, Steinen, Bojen und Schiffsrümpfen. Forscher konnten nun zeigen, wie Miesmuscheln ihren biologischen Unterwasserkleber herstellen. „Die Entdeckung ist wichtig, weil auch modernste synthetische Klebstoffe im Wasser versagen“, erklärt Bruno Zappone, Physiker und Materialwissenschaftler am Istituto di Nanotecnologia der Università della Calabria. „Die Miesmuschel sondert einen Proteinkomplex ab, der Wassermoleküle verdrängen und sich danach eng mit dem Untergrund verbinden kann“, erklärt er. Zunächst beseitige ein Eiweiß den Wasserfilm, während weitere Eiweiße für eine Abkapselung der betreffenden Stelle sowie für die Verbindung mit der Untergrundfläche zuständig seien. Schlüsselelement bei dem Prozess ist eine Substanz namens Dihydroxyphenylalanin, einer Form der Aminosäure. Sie vernetzt den Kleber und bildet Wasserstoffbrückenbindungen zu diversen Materialien. Nun sei es möglich, einen Klebstoff herzustellen, der im Schiffbau oder an Unterwasserpipelines zum Einsatz kommen kann und sogar in der Chirurgie. Zappone: „Es gibt unzählige Anwendungsgebiete im wasserreichen menschlichen Körper, zum Beispiel bei Knochenbrüchen, Gewebeschäden oder Implantaten.“ *mz*

Umwelt

Essbare Flasche aus Algen

Acht Millionen Tonnen Plastik werden jedes Jahr in die Weltmeere geschwemmt. Sollte es in den kommenden zehn Jahren so bleiben, wird 2025 eine Tonne Plastik auf drei Tonnen Fisch kommen, warnt ein Bericht von Ocean Conservancy. Um Plastikmüll zu Wasser und zu Lande einzudämmen, entwickelte Designer Rodrigo García González vom Londoner Skipping Rocks Lab „Ooho Water“: eine Wasserflasche, die man vollständig trinken kann – inklusive der Membran, die die Flüssigkeit umgibt. „Die Idee stammt aus der Molekularküche, wo das Verfahren der sogenannten Sphärifikation schon seit Langem dafür eingesetzt wird, Speisen mit flüssigem Inhalt herzustellen“, erklärt Mitentwickler und Harvard-Professor David Edwards. „Durch eine chemische Reaktion bildet sich eine Art wasserdichte Haut um die Flüssigkeit herum, ähnlich der Haut etwa einer Traube.“ Der Clou des Ganzen ist eine doppelte Membran, die das Wasser hält. Diese hatte Edwards zusammen mit Designer González entwickelt. „Zunächst wird eine schneeballgroße Eiskugel in ein Kalziumchloridbad getaucht, das die Kugel mit einem geschmacksneutralen Gelee umschließt“, so González. „Dann legt man das Gebilde in ein Braunalgenbad mit Natriumalginat in einem bestimmten Mischungsverhältnis. So wird eine zweite, stärkere Membran gebildet.“ Sobald im Inneren der durchsichtigen Membran das Eis schmilzt, hat man eine essbare, biologisch abbaubare und resistente Verpackung, die aussieht wie ein überdimensionaler Tropfen. Man kann das flexible Behältnis anreißen oder aufstechen und daraus trinken oder einfach mit einem Biss verschlingen. „Die Membran kann in verschiedenen Größen hergestellt werden“, sagt González. „Auch verschiedene Geschmacksrichtungen für die Wasserkugeln sind denkbar. Und zwischen den Membranschichten lassen sich Etiketten ohne Klebstoff anbringen.“ Die Kosten sollen bei nur zwei Cent je Einheit liegen. Prototypen von „Ooho Water“ gibt es bereits. Schon in einem Jahr soll die essbare Trinkflasche marktreif sein. Bis dahin muss eine stabile Transportmöglichkeit gefunden werden, die sicherstellt, dass die Kugeln nicht zerplatzen. Obwohl die neuartige Flasche ohne das in der Plastikproduktion benötigte Erdöl auskommt, sieht Ökologe Thilo Maack von Greenpeace Deutschland noch ein Problem. „Wenn die prinzipiell gute Idee wirklich einmal in großem Stil verwirklicht werden sollte, dann muss auch eine entsprechend große Menge an Algen verarbeitet werden. Das ist ökologisch bedenklich.“ Edwards hatte bereits 2010 zusammen mit einem anderen Designer einen ersten Prototyp vorgestellt. Dieser wies allerdings Mängel auf. Die Oberfläche war zu weich und nicht vollkommen wasserdicht. *jsc*

Mundgerecht: Die Trinkflaschen in Tropfenform kann man aufessen

Illustration: Ueli Etter

Impressum

mare

VERLEGER UND CHEFREDAKTEUR
Nikolaus Gelpke (V.i.S.d.P.)

STELLVERTRETENDER CHEFREDAKTEUR TEXTCHEF
Karl Spurzem
spurzem@mare.de

ART DIRECTOR
Nadja Zobel
zobel@mare.de

PHOTO DIRECTOR
Barbara Stauss, Petra Koßmann
stauss@mare.de, kossmann@mare.de

REDAKTION LEBEN/POLITIK
Dimitri Ladischensky
ladischensky@mare.de

REDAKTION WIRTSCHAFT/WISSENSCHAFT
Jan Keith
keith@mare.de

REDAKTION KULTUR
Zora del Buono, Martina Wimmer
delbuono@mare.de, wimmer@mare.de

REDAKTION ONLINE
Wiebke Böse
boese@mare.de

LEITUNG MARKETING/KOMMUNIKATION
Jan Lehmköster
lehmkoester@mare.de

VERTRIEBSLEITUNG
Karin Trommer
trommer@mare.de

BUCHHALTUNG
Nicole Steinhauser
steinhauser@mare.de

ORGANISATION
Eva Grünert
gruenert@mare.de

SATZ/LITHOGRAFIE
Andrea Best
best@mare.de

KORREKTORAT
Susanne Feyke

PRODUKTION
HS Printproduktion, Holger Schmirgalski

DRUCK
Druckhaus Kaufmann

VERTRIEB
Stella Distribution GmbH
ISSN 1432-928X
ISBN 978-3-86648-405-4

ABONNEMENTVERTRIEB
QS Quality Service GmbH

ANZEIGEN

ANZEIGENVERMARKTUNG

iq media marketing gmbh

Ein Unternehmen der Verlagsgruppe

Handelsblatt

Kasernenstraße 67, 40213 Düsseldorf

www.iqm.de

ANZEIGENLEITUNG mare

Anke Wiegel,

iq media marketing gmbh

Speersort 1, 20095 Hamburg

Tel. 040/3280-345, anke.wiegel@iqm.de

REPRÄSENTANZ DÜSSELDORF

Marion Weskamp, Tel. 0211/887-2055

Kasernenstraße 67, 40213 Düsseldorf

REPRÄSENTANZ FRANKFURT/MAIN

Oliver Mond, Tel. 069/2424-4536

Eschersheimer Landstraße 50

60322 Frankfurt/Main

REPRÄSENTANZ MÜNCHEN

Axel Schröter, Tel. 089/545907-17

Nymphenburger Straße 14/2. Stock

80335 München

INTERNATIONAL

iq media marketing gmbh

Gerda Gavric-Hollender, Tel. 0211/887-2343

Kasernenstraße 67, 40213 Düsseldorf

ÖSTERREICH

Internationale Medienvertretung & Service

proxymedia e.U.

Michael Schachinger-Brauner

Tel. +43/(0)2622/36755

Wiesengasse 3, 2801 Katzelsdorf

SCHWEIZ

Top Media Sales GmbH

Walter von Siebenthal, Tel. +41/(0)41/7105701

Chamerstrasse 56, 6300 Zug

ANSCHRIFTEN

Redaktion und Verlag
mareverlag GmbH & Co. oHG
Sandthorquaihof
Pickhuben 2, 20457 Hamburg
Telefon 040/36 98 59-0
Fax 040/36 98 59-99
mare@mare.de, www.mare.de

Redaktionsbüro Berlin
Oranienstraße 10–11
10997 Berlin

Art Direction: Telefon 030/612 86 154
Photo Direction: Telefon 030/617 027 34
Redaktion Kultur: Telefon 030/612 806 93
Fax 030/612 806 94

ABONNEMENTSERVICE

mare-Service
Postfach 11 10 11, 20410 Hamburg
service@abo.mare.de
Telefon +49/(0)40/3007-3536, Fax -853536

Jahresabonnement: 51,30 Euro/91 CHF
Studentenabonnement: 45,60 Euro/79 CHF

mare ist stets erhältlich im Bahnhofs- und Flughafenbuchhandel.

mare erscheint im mareverlag GmbH & Co. oHG, HRA 90234, PHG: Dreiviertel Verlag GmbH, HRB 63029, Nikolaus Gelpke

BILD- UND TEXTNACHWEIS

Bildnachweis
(l.: links; r.: rechts; M.: Mitte; o.: oben; u.: unten)
Titel: [M] mare, Foto: Giovanni Cocco (Ausschnitt), Tanzpaar: Bärbl Kaufer und Marcus Koch (rockthatswing.com); S. 5: Mathias Bothor; S. 6 v.o.l.n.u.r.: Giovanni Cocco; Michael Nicholson/Getty Images; Bettmann/Getty Images; akg-images/North Wind Picture Archives; „Saaledes skriver jeg, Aron". Samlede fortaellinger & illustrationer af Aron fra Kangeq. Udgivet ved Kirsten Thisted. Atuakkiorfik 1999; © Sunset Boulevard/Corbis; Fisherman's Friend Archive; S. 8/9: mare/Illustration: RB + MKB-Deskkart, Hamburg; S. 13–17: Giovanni Cocco; S. 18/19: [M] mare, Foto: Giovanni Cocco; S. 20–28: Giovanni Cocco; S. 31: Bruce Fleming/Getty Images; S. 32: mauritius images/United Archives; S. 33: John Rodgers/Redferns/Getty Images; S. 34: Bruce Fleming/Getty Images; S. 35–37: David Kindred; S. 41: Impress; S. 42: Rue des Archives/Diltz/Bridgeman Images; S. 43: Gary Null/NBC/NBCU/Getty Images; S. 44: Everett Collection, Inc./action press; S. 45: Photo by Paramount/Getty Images; S. 46: Magma Agency/WireImage/Getty Images; S. 49: Edvard Munch/akg-images; S. 50/51: https://de.wikipedia.org/wiki/Naumachie (Stand: April 2016); S. 52: Michael Nicholson/Getty Images; S. 54: Bibliothèque nationale de France, Source Gallica, bpt6k6528105v; S. 55: https://fr.wikipedia.org/wiki/Bataille_de_Papeete#/media/File:M_54_8_Papeete_bombardée.jpg (Stand: Mai 2016); S. 56: Public Domain; S. 59: privat; S. 61: George Palmer Putnam Collection of Amelia Earhart Papers, Courtesy of Purdue University Libraries, Karnes Archives & Special; S. 62: Bettmann/Getty Images; S. 63–65: George Palmer Putnam Collection of Amelia Earhart Papers, Courtesy of Purdue University Libraries, Karnes Archives & Special; S. 66 (Karte): Peter Palm, Berlin; S. 67 und 68: Bettmann/Getty Images; S. 71: Jan Luijk; S. 74/75: akg-images/North Wind Picture Archives; S. 76 (Grafik): Gitews; S. 77 (Grafik): eskp.de/CC-BY; S. 78/79: Valeriy Lebedev/ddp images; S. 83: Pascal Cloëtta; S. 84: „Saaledes skriver jeg, Aron". Samlede fortaellinger & illustrationer af Aron fra Kangeq. Udgivet ved Kirsten Thisted. Atuakkiorfik 1999; S. 85: Institut for Kultur og Samfund, Historisk Afdeling, Aarhus Universitet: http://danmarkshistorien.dk/leksikon-og-kilder/vis/materiale/groenland/; S. 87 (alle): „Saaledes skriver jeg, Aron". Samlede fortaellinger & illustrationer af Aron fra Kangeq. Udgivet ved Kirsten Thisted. Atuakkiorfik 1999; S. 88: Jens Kreutzmann. Fortaellinger & akvareller. Udgivet ved Kirsten Thisted, Atuakkiorfik 1997; S. 89: H.J. Rink, aus: Jens Kreutzmann. Fortaellinger & akvareller. Udgivet ved Kirsten Thisted, Atuakkiorfik 1997; S. 93: © Sunset Boulevard/Corbis; S. 94 o.: Bettmann/Getty Images; S. 94 u.: Sausalito Historical Society/Photo by Glenn Christianse/Sunset Magazine; S. 96: Patrick Jarnoux/Paris Match/Getty Images; S. 98 o.r.: Buckliger Angler_© August Brauer; S. 98 u.l.: Vertikalnetz_© Archiv der Senckenberg Gesellschaft für Naturforschung; S. 98 u.r.: Präparat von Homolochunia valdiviae_© Museum für Naturkunde Berlin; S. 99 o.: Vampyroteuthis infernalis_© Carl Chun; S. 99 u.: S. Christmann/Alfred-Wegener-Institut; S. 101: „Gustave Flaubert und Maxime Du Camp nach einer Skizze und Fotografie von Félix Nadar"; S. 103 o.: Heike Ollertz/Ag. Focus; S. 105 (Porträt Kasten): Mathias Bothor; S. 106–108: Fisherman's Friend Archive; S. 109: Frith Collection/akg-images; S. 110 und 111: Fisherman's Friend Archive; S. 112: Volker Diekamp; S. 113 o.: Andrew Testa/Panos; S. 113 (Kasten): © Peter Haefcke, Internationales Maritimes Museum Hamburg; S. 115–122: Mathias Bothor; S. 124–127 (Illustration unten): Ueli Etter; S. 124 o.: Reuters/Charles Platiau; S. 124 u.: Microsoft Photo; S. 125 o.l.: Kriki/Christian Groß; S. 125 (Kasten): Public Domain; S. 126: © lenthe/touristik-foto.de; S. 127 o.: Armin Maywald/Save/Okapia KG, Frankfurt; S. 127 u.: Skipping Rocks Lab; S. 128: Heike Ollertz/Ag. Focus; S. 129 o.: Mark Bauer/Loop Images/laif; S. 129 M.: Philip Leutert; S. 129 u.: Niccolò Cozzi/Echo Photojournalism; S. 130: Ueli Etter; Heftrücken: Conny Bangert.

Textnachweis
S. 48 r.: Marie Luise Kaschnitz, aus: Lange Schatten. © 1960 Claassen Verlag in der Ullstein Buchverlage GmbH.

mare No. 117

August/September 2016

ab 2. August im Zeitschriften- und Buchhandel

Cornwall

Wer an Cornwall denkt, denkt an romantische Felsküsten, stattliche Herrenhäuser – und an Rosamunde Pilcher. Mit ihren Büchern hat die in Cornwall aufgewachsene Bestsellerautorin ihre Heimat weltberühmt gemacht. Das Klischee eines Landstrichs im Südwesten Englands, der sich bis heute „very british“ gibt und der dank des Golfstroms immer grünt, hat sich in unsere Köpfe eingebrannt. Aber stimmt es auch? Ein Besuch.

Meeresforscher Poseidonios
Er war der erste Naturforscher, der sich intensiv mit der Erforschung der Ozeane befasste: der griechische Philosoph Poseidonios. Seine Lehre aus dem letzten vorchristlichen Jahrhundert mutet, auch wenn sie nur in einigen wenigen Bruchstücken erhalten ist, in vielem noch heute visionär an.

Die Lifeguards von L.A.
Ohne sie kein „Baywatch“: Die Rettungsschwimmer von Kalifornien machten in den 1950er-Jahren den Beruf selbst zur Ikone. 60 Jahre später trifft unsere Autorin die einstigen Stars der Strände von Los Angeles. Noch immer retten die Pensionäre Menschen vor dem Ertrinken.

Pionier des Zeichentricks
US-Karikaturist Winsor McCay zeichnete 1918 „The Sinking of the Lusitania“, einen der ersten Animationsfilme überhaupt. Erzählt wird darin der Untergang des britischen Luxusliners „Lusitania“ nach Beschuss durch ein deutsches U-Boot 1915. Bis heute tobt der Streit, ob die Torpedierung ein Kriegsverbrechen war.

Der erste Unterwasserfotograf
1893 tauchte der französische Biologe Louis Boutan vor Banyuls-sur-Mer ins Mittelmeer und fotografierte. Seitdem wird er als Begründer der Unterwasserfotografie gefeiert, auch wenn er nicht der Allererste war.

Strand der Illusionen
Der schneeweiße Strand von Rosignano ist der einzige in ganz Italien, der so aussieht, als sei man in der Südsee. Ein Traum? Nein. Die bittere Wahrheit ist: Jahrzehntelange Emissionen der nahe gelegenen Chemiefabrik haben den Sand ausgebleicht und gaukeln das Paradies nur vor.

Eiskalter Krieg
Ende der 1950er-Jahre rückt Grönland ins Zentrum der US-Politik. Mitten im Eis wird ein Camp errichtet, das aus 21 Tunneln besteht. Das Ziel: die Installierung nuklearer Raketen, die binnen Minuten die Sowjetunion erreichen können.

Ueli Etter, in Tel Aviv und Berlin lebender Schweizer Künstler und Illustrator, deutete für **mare** das Lied „The Mollusk" („Die Meeresschnecke") aus dem gleichnamigen Album der Alternative-Rock-Band Ween von 1997. Kern der Gruppe aus New Hope, Pennsylvania (USA), sind die Kinderfreunde Gene und Dean Ween, die schon in der Highschool ihren eklektischen, melodiehaften Stil entwickelten, der annähernd sämtliche amerikanische Genres fusionierte. Ihre Texte sind geprägt von parodistischer Gesellschaftskritik und beißendem Zynismus, ihre Konzerte dauerten wegen des konzeptuellen Charakters ihrer Musik meist länger als drei Stunden. „The Mollusk" hat ein düsteres marines Thema, das in lyrischem Progressive Rock vorgetragen ist, und trägt eindeutig psychedelische Züge.